固体燃料化学链燃烧中钙基载氧体还原反应机理研究

侯封校　著

中国原子能出版社
China Atomic Energy Press

图书在版编目（CIP）数据

固体燃料化学链燃烧中钙基载氧体还原反应机理研究 / 侯封校著. --北京：中国原子能出版社，2023.11

ISBN 978-7-5221-3260-0

Ⅰ. ①固… Ⅱ. ①侯… Ⅲ. ①固体燃料–氧化还原反应–研究 Ⅳ. ①O621.25

中国国家版本馆 CIP 数据核字（2023）第 256928 号

固体燃料化学链燃烧中钙基载氧体还原反应机理研究

出版发行	中国原子能出版社（北京市海淀区阜成路 43 号　100048）
责任编辑	张　磊
装帧设计	赵　明
印　　刷	北京金港印刷有限公司
经　　销	全国新华书店
开　　本	787 mm×1092 mm　1/16
印　　张	13.25
字　　数	201 千字
版　　次	2023 年 11 月第 1 版　2023 年 11 月第 1 次印刷
书　　号	ISBN 978-7-5221-3260-0　　定　价　**75.00 元**

网址：**http://www.aep.com.cn**　　**E-mail：atomep123@126.com**

发行电话：**010-68452845**

在读期间公开发表的论文和承担科研项目及取得成果

编委会

侯封校，男，汉族，1992 年 8 月出生，山西省介休市人。毕业于上海理工大学能源与动力工程学院热能工程专业，博士研究生学历。现就职于中北大学，讲师，主要从事清洁燃烧与污染物排放控制、微纳尺度表界面反应与输运机理、动力设备电化学腐蚀行为预测与防控等方面的研究工作。近年来，主持及参与山西省基础研究计划项目、中国博士后基金项目、国家自然科学基金项目、国家“十二五”科技支撑项目、国家“十三五”重点研发项目等纵向课题多项，先后在 *Applied Surface Science*、*Surfaces and Interfaces*、*International Journal of Hydrogen Energy*、*Fuel* 等期刊发表学术论文 30 余篇。

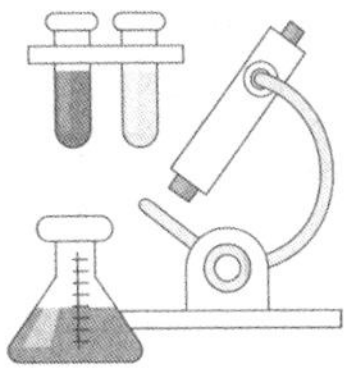

前 言

全球气候变暖是人类面临的问题之一，结合我国以化石能源为主的一次能源消费现状，对化石能源利用所产生的 CO_2 进行捕集、封存非常重要。燃烧前捕集、燃烧后捕集与富氧燃烧等 CO_2 捕集方式均会产生额外的分离能耗，造成系统经济性下降。而化学链燃烧在实现 CO_2 分离的同时，不会造成额外的分离耗能，还可实现能量的梯级利用，因此具有良好的发展前景。由于煤炭在我国一次能源消费中占比超过 50%，因此固体燃料化学链燃烧的研究意义较大。载氧体在化学链燃烧中是主要的氧传输介质，其中，$CaSO_4$ 载氧体载氧量高、价格低廉、对环境友好、在热力学上反应性能较好，因此其为较为理想的载氧体。但 $CaSO_4$ 载氧体也存在反应速率低、反应过程中有硫释放等缺点。其中，硫释放的问题可以采用添加 CaO 等方法解决，因此反应速率低为 $CaSO_4$ 载氧体应用所亟须解决的问题。理论上而言，通过充分研究 $CaSO_4$ 载氧体的反应特性，得到 $CaSO_4$ 载氧体反应速率较慢的原因，即可针对该缺点进行定向改性与调控，从而增加 $CaSO_4$ 的反应速率，为其大规模工业应用提供基础。因此，本书主要通过实验手段、理论分析与计算、数值模拟相结合的方法，对 $CaSO_4$ 载氧体反应性能的宏观与微观机理开展深入研究。

首先，我们采用热重实验对将军庙煤的热解反应以及将军庙煤与 $CaSO_4$/CaO 的还原反应进行了耦合分析，并对还原反应进行了非等温动力学分析。研究结果表明，热解反应的 DTG 最大失重峰出现于 724 K，该峰由四个温度的失重峰叠加而成。还原反应中，675 K 左右的 DTG 失重峰为挥发分析出过程，但由于析出的挥发分部分吸附于 $CaSO_4/CaO$ 载氧体上，导致该失重峰较为尖锐，且峰值提前出现。被吸附的气体随温度的升高释放速率增大。还原反应有 3 个主要的 TG 失重区间，其分别对应挥发分析出阶段（675 K）、载氧体吸附的可燃热解气氧化阶段（895 K）、活性较低的吸附热解气被氧化与 $CaSO_4$ 少量热分解阶段（1 173 K）。采用 FWO 法与 Starink 法求取的还原反应平均表观活化能分别为 124.96 kJ/mol 与 118.63 kJ/mol，其中还原反应第二个失重峰的表观活化能最低，表明被吸附后的气体易于进行表面反应；采用 Popescu 法所确定的还原反应三个失重阶段机理函数分别遵循 Avrami-Erofeev 方程、Z-L-T 方程与 Mempel Power 法则。该机理函数可为在实际工程中确定燃料反应器内的燃料转化率提供良好的理论支撑。

其次，我们采用密度泛函理论对化学链燃烧中 CO 与 $CaSO_4$（010）表面的气固异相反应机理进行了计算，同时结合波函数分析、经典过渡态理论与热力学平衡理论对动力学过程中的异相吸附与表面反应进行了深入研究。异相吸附的计算结果表明，CO 物理吸附于 $CaSO_4$（010）表面及其被部分还原的表面，且各阶段最稳定构型的吸附能分别为 −32.82 kJ/mol、−32.13 kJ/mol、−40.45 kJ/mol、−44.25 kJ/mol 与 −6.8 kJ/mol。在 $CaSO_4$（010）表面外层氧含量为 100%～50%的阶段，CO 与表面的吸引作用主要由静电作用贡献；在 25%的阶段，CO 与表面的吸引作用为静电作用与 London 色散作用共同主导。因此，CO 与吸附表面相互作用的主要成分属于弱相互作用。各吸附阶段中，CO 与吸附表面之间的电子转移均小于 0.1 e。在 $CaSO_4$（010）表面外层氧含量为 100%～50%的阶段，CO 与吸附表面为纯闭壳作用，且 Ca 原子与 C 原子之间的相互作用为主要吸附作用。IGM 分析进一步证明了该结论，且确定了各个阶段的弱相互作用区域。由此发现，吸附能力较弱是 $CaSO_4$ 载氧体反应性能较弱的主要原因之一；其中，表面氧含量 25%阶段的吸附能力最弱，其为实验中反应末期反应性能大幅下降的主要原因。在表面反应中，还原反应的正向能垒均低于逆向能垒；分解积碳反应中正向反应的能垒高于逆向反应，且随着氧含量的降低，逆向能垒逐步升高，分解积碳的逆反应愈发不容易进行。动力学分析结果表明，在还原反应中，$CaSO_4$（010）表面外层氧含量为 75%的阶段为正反应的限制性步骤，$CaSO_4$（010）表面外层氧含量为 25%阶段为逆反应的限制性步骤；在分解积碳反应阶段，$CaSO_4$（010）表面外层氧含量为 25%阶段积碳反应最容易发生，同时随温度升高，积碳反应平衡正向偏移。反应平衡模拟结果表明，温度的上升会降低 CO 氧化为 CO_2 的转化率，而增加分解积碳反应的转化率；载氧体比例的增加使 CO 氧化为 CO_2 的转化率升高，降低积碳反应的发生；载氧体不足或被大量还原后的阶段最易发生分解积碳反应，造成 CO 的转化不完全，从而导致碳捕集率的降低。提高钙基载氧体的吸附能力是增强 $CaSO_4$ 载氧体反应性能的有效方式之一；在工程应用中，应增加燃料反应器中 $CaSO_4$ 载氧体的比例，提高 $CaSO_4$ 载氧体/燃料比，以减少积碳的发生。

同时，我们针对化学链燃烧中的固固反应过程进行了研究，采用半经验紧缚型量子化学方法对焦炭探针分子在 $CaSO_4$ 载氧体表面的结合过程进行了计算，并采用波函数分析解释了二者之间弱相互作用的本质。焦炭在 $CaSO_4$ 载氧体常见的（010）表面以弱相互作用结合，为放热反应，其中 London 色散作用对结合作用的贡献最大。焦炭与 $CaSO_4$（010）表面的结合中，二者存在氢键作用，且氢键的成分以色散作用为主。结合区域内，焦炭分子各原子的 δg 指数在 0.156 4～0.595 8 范围内，表面各原子的 δg 指数在 0.234 8～0.485 4 范围中。焦炭与 $CaSO_4$（010）表面的反应区域有部分电子聚集，但几乎没有片段之间的电子转移，因此能量分解中的静电作用表现为排斥效果。相较于焦炭在 $CaSO_4$（010）表面的结合，在 $CaSO_4$（100）与 $CaSO_4$（001）表面的结合更紧密，表明表面活性的增大有助于焦炭分子的结合。AIM、IGM、EDD 等波函数分析表明，虽然活性较高的 $CaSO_4$（100）与 $CaSO_4$（001）表面可增强焦炭的结合能力，但其仍然属于纯闭壳层作用体系，体系中片段间电子转移仍很弱，需进一步采用掺杂或改性的方式改进载氧体，增强电子转移能力，增大钙基载氧体活性，从而进一步提升结合强度。

最后，我们采用经典分子动力学对不同工况下，燃料气体分子在 $CaSO_4$ 载氧体孔道内的扩散输运过程进行了模拟。模拟结果表明：随着狭缝宽度的增加，$CaSO_4$ 载氧体孔道表面对单个 CO 分子的作用强度降低，减弱了 CO 分子的束缚，导致 CO 分子的吸附层与体相层的分界点远离吸附表面；CO 分子的扩散能力先增加后减少。增加的原因为 $CaSO_4$ 孔道表面束缚 CO 分子的能力降低；减少的原因为 CO 分子数目的增多，导致分子碰撞的加剧。温度的上升导致 CO 分子与 $CaSO_4$ 载氧体孔道表面的相互作用减弱；同时，CO 分子的扩散能力持续升高，导致其易于扩散至未被占据的反应位点。在不同燃料气体的扩散输运模拟中，H_2 分子吸附层与体相层的密度差别最小，且其扩散能力最好；CH_4 次之，其体相层密度分布较为明显，其可通过体相层在孔道内扩散；CO 分子吸附层密度最高，体相层的密度非常低，表明其最难在孔道之中扩散。当 $CaSO_4$ 载氧体负载 Na、Fe 后。可以明显地改善 CO 分子在孔道内部的扩散能力，且在相同覆盖率的情况下，Fe 的改善效果要明显大于 Na。当 Fe 在 $CaSO_4$ 孔道表面的覆盖率达到 50%时，其改善效果达到饱和，该条件下的 CO 分子扩散系数约为纯净 $CaSO_4$ 孔道表面 CO 分子扩散系数的 28 倍；Na 在 $CaSO_4$ 孔道表面的改善效果随 Na 覆盖率的增加持续增强，Na 覆盖率为 100%时，该条件下的 CO 分子扩散约为纯净 $CaSO_4$ 孔道表面 CO 分子扩散系数的 27 倍。Na、Fe 的添加可以提高钙基载氧体的反应性能，其为采用灰分廉价地改性钙基载氧体提供了重要的理论支撑。

本书的研究结果可为钙基载氧体的进一步改性与定向调控提供理论基础与发展方向，表明可改进 $CaSO_4$ 载氧体的电子转移能力，以提升其吸附、结合能力，从而增强其反应性能。由于煤灰中存在碱、碱土金属与过渡金属元素，可利用煤灰廉价地改性 $CaSO_4$ 载氧体，提升气体燃料在载氧体内部的扩散能力。本书的研究结果还可为基于 $CaSO_4$ 载氧体的化学链燃烧系统的工业化应用提供理论指导。

本书共 20 余万字，由作者独立完成，编委负责审阅工作。作者在本书的写作过程中，参考引用了许多国内外学者的相关研究成果，也得到了许多专家和同行的帮助和支持，在此表示诚挚的感谢。由于作者的专业领域和实验环境所限，加之作者研究水平有限，本书难以做到全面系统，疏漏和错误在所难免，敬请读者批评赐教。

著 者

2023 年 11 月

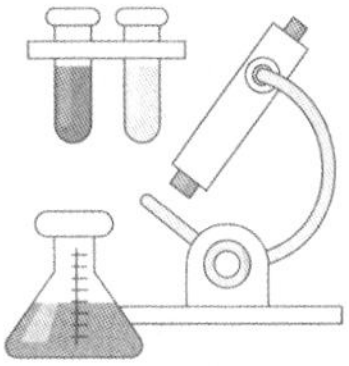

目　录

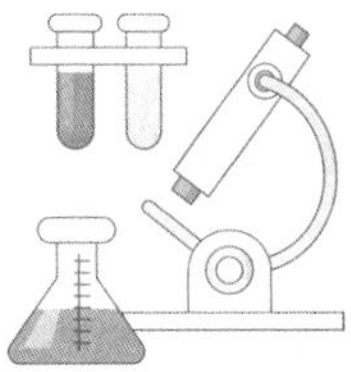

第1章

绪　论

1.1　研究背景与意义

到目前为止，世界范围内的一次能源消费以化石能源为主。煤、石油、天然气在2019年的一次能源消费占比分别为：27.04%、33.06%、24.22%[1]。我国的化石燃料消费占比更高，煤、石油、天然气的一次能源消费占比分别为：57.32%、20.13%、7.81%，虽然化石燃料的消费占比相较于2018年下降0.75%，但其仍高达85.26%。化石能源的使用造成了大量二氧化碳等温室气体的排放，加剧了温室效应，导致了全球气候变暖。同时，作为可再生能源的生物质燃料在燃烧过程中也会产生较多的二氧化碳。因此，为了减缓全球气候变暖的趋势，采用清洁、低碳的供能方式迫在眉睫。2015年在第21届联合国气候变化大会上通过、2016年在纽约签署的《巴黎协定》[2]明确提出了控制全球气候变暖，且进一步明确了对温室气体排放控制的要求。我国积极履行承诺，加大了控制二氧化碳排放的力度。二氧化碳减排的方法主要分为两类：一类为使用太阳能、风能等清洁能源；另一类为采用新型的燃烧方式，对传统化石能源利用后所产生的气体进行二氧化碳捕集。太阳能、风能等清洁能源虽然储量较为丰富、几乎无污染，但是由于其不确定性与间断性等特点，其发出的电能不能保证正常的能源供给。其中，风能所产生的电能部分不能上网或者对电网的冲击较大[3]；太阳能虽然为清洁能源，但其上游的光伏制造产业的耗能较大、污染较为严重[4]。因此，结合我国目前的一次能源消费现状，对于化石燃料进行清洁化的燃烧和利用具有非常重要的意义。

为了减少温室气体二氧化碳的排放，在化石能源燃烧、利用后，需要对其产生的二氧化碳气体进行捕集、封存、再利用。目前的二氧化碳捕集技术主要有三种：燃烧前捕集、燃烧后捕集、燃烧中捕集。燃烧前捕集的代表性技术为整体煤气化燃气蒸汽联合循环系统（integrated gasification combined cycle，IGCC），其原理图如图 1-1（a）所示。该技术主要利用工艺流程中二氧化碳分压高（＞5 bar）的特点进行吸收/吸附，从而减少其可逆过程的发生[5,6]。燃烧后捕集的原理如图 1-1（b）所示，其对原有系统继承度较高，代表性技术为化学吸收法。该技术主要将烟气中的二氧化碳通过一乙醇胺（MEA）等吸收剂进行吸收[7,8]，从而分离烟气中的氮气与二氧化碳。燃烧中捕集的代表技术为富氧燃烧（oxy-fuel combustion），其原理图如图 1-1（c）所示。该技术主要利用空气分离器将空气中的氮气与氧气分离，而在燃烧中使用二氧化碳烟气再循环以代替氮气分压，其中氧气占比为 30%，其碳捕集效率理论可达 95%[9,10]。但是，以上三种碳捕集方式会在系统运行中造成额外能耗，运行成本较高，因此对系统的经济性较为不利。相较于这三种技术，化学链燃烧（chemical-looping combustion，CLC）系统通过载氧体在两个反应器之间进行循环实现氧传递，将传统的燃烧过程分为两个阶段，以此实现氮气与氧气的分离，从而没有额外的分离耗能，同时可以实现能量的梯级利用。因此，化学链燃烧系统有着较好的发展前景。

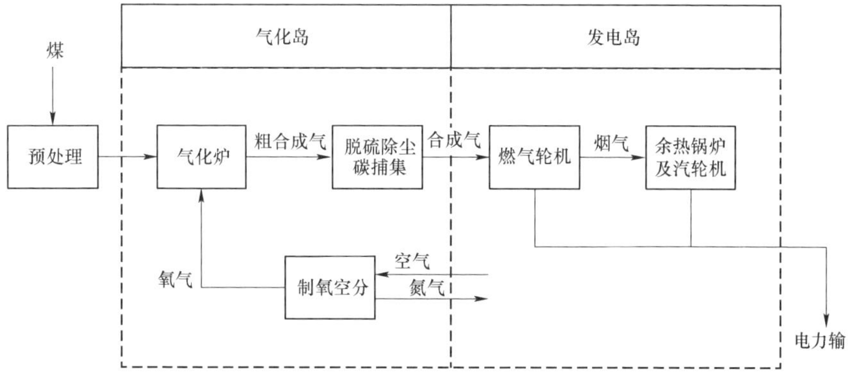

(a) IGCC技术

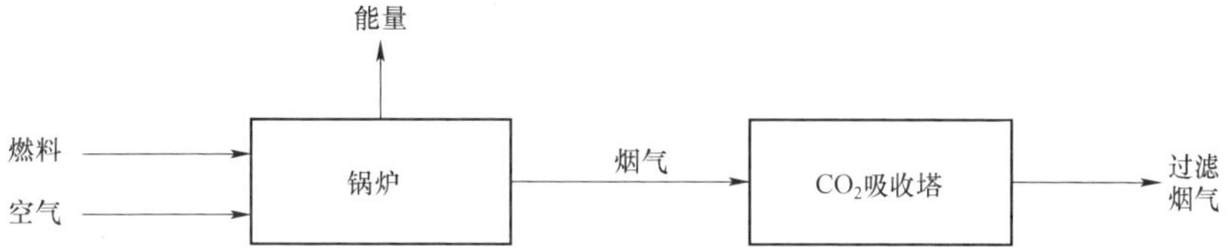

(b) 化学吸收法

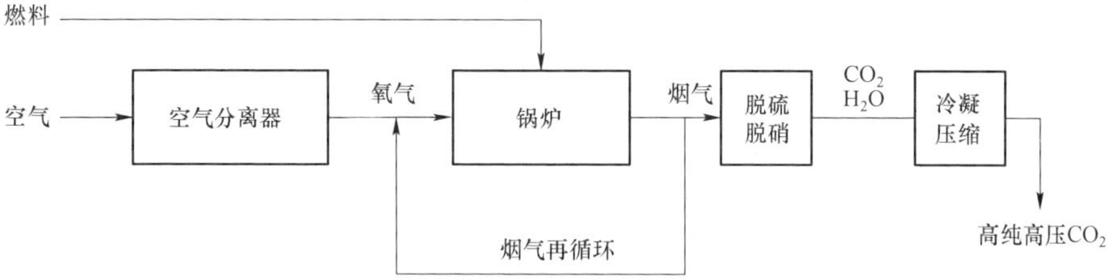

(c) 富氧燃烧

图 1-1 碳捕集技术示意图

化学链燃烧中最主要的反应为气固异相反应，因此气体燃料与液体燃料更适用于该燃烧过程。而固体燃料由于其需要在反应器中同步进行热解与气化反应，剩余的焦炭与载氧体反应速率较慢，且灰分与载氧体的分离也是较大的技术难点，因此在化学链燃烧研究初期主要以气体燃料为主。根据我国的一次能源消费情况，2017 年、2018 年与 2019 年煤炭的消费占比分别为 60.22%、58.25%与 57.32%，虽然煤炭的消费占比逐年下降，但其仍超过半数。并且，我国的能源现状为“富煤、贫油、少气”，煤炭储量丰富，特别是2005年勘探发现的新疆地区准东煤田，其储量约为3 900亿t[11–17]，煤炭会在将来较长的一段时间内仍为我国主要的一次能源。此外，生物质的燃烧、污泥等固废的焚烧过程中，通常也会以干燥后的固体形态进入炉膛[18–21]。因此，针对我国的能源消费现状与实际需求，固体燃料化学链燃烧的研究意义较大。

1.2 研究现状

1.2.1 化学链燃烧原理

化学链燃烧源于H_2、CO_2等的制取工艺。1983年，Richter等[22]表明该技术可以提高电站系统的㶲效率；1987年，Ishida等[23]表明CLC技术可以实现 CO_2 的分离。自此，该技术受到了广泛关注。相较于传统的燃烧方式，化学链燃烧将燃料的氧化还原反应分解为两个过程，并通过载氧体在两个反应器之间的氧化与还原过程实现氧气与氮气的分离，同时实现两个反应器之间氧的传输。这两个反应器被称为空气反应器与燃料反应器，其反应原理如图1-2所示。

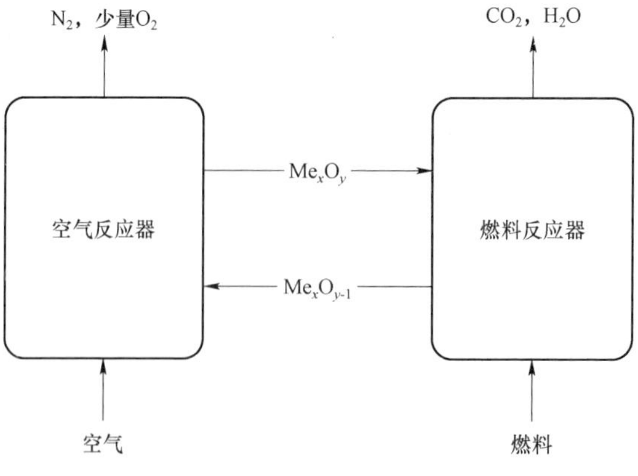

图1-2　化学链燃烧原理图

在燃料反应器中，载氧体被燃料还原，因此该阶段又称还原反应阶段。由于燃料的供氧由载氧体的晶格氧提供，因此该反应没有火焰产生，是一种无焰燃烧方式。同时，还原阶段的产物主要以燃料燃烧所产生的 CO_2 和 H_2O 为主，在后续烟气处理中，仅需进行降温即可实现 CO_2 和 H_2O 的分离。所以该过程不会产生额外的分离成本。还原阶段在化学链燃烧之初被设计为吸热反应，但在实际的反应中，吸放热与载氧体的性质相关。载氧体被还原后，在空气反应器中被空气中的氧气氧化，同时放出热量，该阶段也被称为氧化反应阶段。在此阶段，氧气从气态转变为晶格氧的状态，实现了氮气与氧气的分离。该阶段产生的烟气主要以 N_2 和少量的 O_2 为主。载氧体在燃料反应器中的还原反应分别为：

$$C_nH_m + Me_xO_y \rightarrow nCO_2 + \frac{m}{2}H_2O + Me_xO_{y-2n-\frac{m}{2}} \tag{1.1}$$

空气反应器中的氧化反应为：

$$Me_xO_{y-1} + \frac{1}{2}O_2 \rightarrow Me_xO_y \tag{1.2}$$

式中，Me_xO_y 为被完全氧化的载氧体，Me 为被完全还原的载氧体。由于化学链燃烧过程中包含两个反应器，因此可以根据不同反应阶段的产热量进行能量的梯级利用，降低系统的不可逆热损失，从而提高整个系统的热效率[24–26]。

1.2.2　化学链燃烧系统研究进展

使用化学链燃烧的目的是实现低成本的碳捕集，同时减少㶲损失，提高系统的热效率。因此，整个化学链燃烧系统的设计非常重要。为了满足系统连续运行的需求，目前研究较多的是串行双床反应器。双床反应器最初由 Lyngfelt 等[27]提出，其系统如图 1-3 所示。

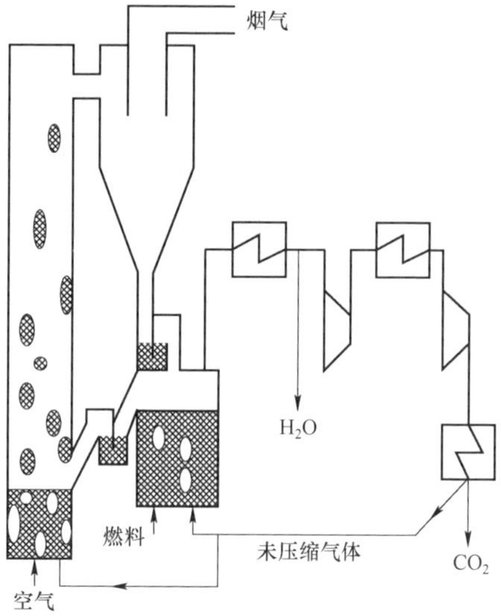

图 1-3　化学链燃烧双流化床反应器

在最初设计的串行流化床中，燃料反应器为低速鼓泡床，空气反应器为高速循环流化床。载氧体在空气反应器中被迅速氧化，在燃料反应器中进行较长时间的还原进程，其中空气反应器的气体流速为燃料反应器的 10 倍左右。其采用了甲烷作为燃料，赤铁矿作为载氧体，通过实验证明了该反应装置的可行性。此后的大部分反应系统均以该双床模型为基础而进行改良。Kronberger 等[28]设计了实验室尺度的 10 kW_{th} 串行流化床化学链燃烧系统，并对其进行了冷态分析，确定了操作条件，并从固体物质的循环速率、气体泄露情况和流化床床层质量等方面优化了反应器。Lyngfelt 等[29]在此实验台上采用甲烷为燃料，使用 Ni 基载氧体进行了累计运行时间超过 100 h 的循环燃烧实验，且在运行过程中没有加入新的载氧体，同时在非操作阶段仍保持高温。实验表明，在该系统中，化学链燃烧的燃料转化效率为 99.5%，且可以达到 100%的 CO_2 捕集效率，而颗粒物会有每小时 0.002 3%的损失。关彦君等[30]则通过数值模拟对双床反应器的气体泄露规律进行了研究，进一步确定了适合于双床反应器的操作参数。在固体燃料化学链燃烧方面，Berguerand 等[31]设计了以煤为燃料的 10 kW_{th} 串行流化床实验台，使用钛铁矿作为载氧体进行了 140 h 的连续性运行实验，其燃料反应器与空气反应器的反应温度分别为 1 223 K、1 273 K，且燃料反应器中采用水蒸气作为气化介质。结果表明，燃料的转化效率为 50%～79%。由于该系统的燃料转化率较低，因此对于固体燃料反应器仍需要进一步改进。陈曦等[32]使用神华烟煤作为燃料，天然铁矿石粉作为载氧体，对 50 kW_{th} 的双循环流化床进行了 CPFD 数值模拟，表明在燃料反应器中，煤粉热解产物与载氧体的混合不均导致了转化率的下降，而提高晶格氧的供给可以提高煤转化率。为了进一步提高碳转化率，基于燃料分级燃烧的原理，以双级燃料反应器为代表的燃料分级反应器被提出。Thon 等[33]采用两级鼓泡床作为燃料反应器，该反应器设计功率为 25 kW。该反应器的运行结果表明，在采用两级燃料反应器后，CO_2 的转化效率大于 90%，并且仅有 1.5%～6.5%的固定碳进入空气反应器中。沈天绪等[34]使用 5 kW_{th} 双级燃料反应器研究了煤的化学链燃烧，其采用南非赤铁矿作为载氧体，表明较高的温度可以显著提高燃烧效率，但当使用 CO_2 作为气化介质时，会使整体反应效率大幅降低，且耗氧量上升。同时，被还原后的铁基载氧体以 Fe_3O_4 为主，伴有少量的 FeO，且出现了载氧体团聚现象。闫景春等[35]通过冷态实验证明了上述 5 kW_{th} 双级燃料反应器设计较为合理，且不会发生气体串混；在该试验台上，吴健等[36]对污泥的化学链燃烧特性进行了研究，表明温度的升高可以增加反应转化率，但进料的增加会降低污泥碳转化率，其实验结果同样表明铁基载氧体被还原后主要以 Fe_3O_4 的形式存在。Feng 等[37]进一步研究了双级燃料反应器中空气反应器的结构特性，表明了环形内构件与渐缩管组成的挡板结构可以改善空气反应器上升管中的流场，并增加气固接触，同时减少壁面处的固体回混。

综上可知，化学链燃烧以流化床作为反应器居多。对于固体燃料化学链燃烧而言，流化床可以增加固体燃料与载氧体之间的混合，并保证燃料反应器的反应时间。其中，系统的燃料反应器均为鼓泡流化床或喷动床[33,38–40]，以保证燃料与载氧体之间的充分接触碰撞与反应，从而提升燃料反应器中载氧体的反应性能。除反应器的研究之外，学术界将目光更多地投放在了载氧体的选择与优化等方面。

1.2.3 载氧体研究进展

载氧体主要分为金属氧化物载氧体与非金属氧化物载氧体。其中常见的金属氧化物载氧体有 Cu 基、Ni 基、Fe 基、Co 基、Mn 基等，由于其物理化学性质差异较大，因此在化学链燃烧中所表现的性能有较大的差异。

Cu 基载氧体由于其反应性能较好，因此其在化学链燃烧中有较为重要的地位。García-Labiano 等[41]使用浸渍法制备了 Cu 基载氧体，使用 CH_4、H_2、CO 为燃料进行了还原实验。其结果表明，缩核模型适用于 Cu 基载氧体还原反应阶段，且化学反应是控制速率的关键性步骤，同时反应器中的固体剩余量与循环速率关联紧密。de Diego 等[42]研究了 Cu 基载氧体的制备方式与载氧体组分对反应性能的影响，结果表明，循环实验中 Cu 基载氧体的结构与机械性能变化不大，但机械混合和共沉淀法制备的 Cu 基载氧体机械性能相对较差，仅浸渍法制备的载氧体表现了良好的性能。de Diego 等[43]使用浸渍法得了不同 CuO 含量的 CuO/Al_2O_3 载氧体，787 K～1 223 K 煅烧后在流化床反应器进行了 100 h 循环的实验，以研究其烧结情况。结果表明，CuO 含量、煅烧温度以及载氧体的还原率均影响烧结过程。Adánez 等[44]在 10 kW_{th} 鼓泡床串行反应器中进行了 CH_4 与 CuO/Al_2O_3 的循环实验，分析了载氧体燃料比、燃料供给速度、载氧体粒径与反应温度对燃料转化率的影响，且分析了载氧体的磨损、烧结与载氧体活性等性质。结果表明，对燃料转化率最重要的影响因素是载氧体燃料比。同时在反应温度为 1 073 K，载氧体燃料比为 1.4 时，可以实现 CH_4 的完全转化。Cao 等[45,46]研究了固体燃料与 CuO 载氧体的反应，其选用了煤、生物质和固体废弃物作为燃料，表明了 Cu 基载氧体有较好的反应活性，适用于固体燃料化学链燃烧。此外，由于其反应温度可低至 773 K，因此挥发分较多的固体燃料适用于固体燃料化学链燃烧。de Diego 等[47]研究了 0.1～0.3 mm 与 0.2～0.5 mm 两种粒径的 CuO/Al_2O_3 载氧体在 1 073 K 进行了 200 h 的化学链燃烧试验，结果表明在 50 h 后出现了 CuO 损失，且其在整个反应中都表现出了良好的反应性能。Noorman 等[48]采用了数值模拟对 CuO/Al_2O_3 载氧体进行了机理分析，其充分考虑反应动力学和颗粒传质，结果与 BET、BJF 实验所测颗粒孔径相符，且颗粒转化率也一致，但在高转化率的情况下有相当大的误差，且其使用甲烷作为燃料时，观测到了积碳现象。Saha 等[49]以维多利亚褐煤作为燃料，说明 CuO 载氧体在 1 223 K 烧结而失去活性，1 073 K 时其在第 5 个循环仍旧可保持 96%的效率。Forero 等[50]则考察了高温下 $CuO/\gamma\text{-}Al_2O_3$ 载氧体在 0.5 kW_{th} 串联流化床上连续运行 60 h 的反应性能，实验结果表明，该载氧体的反应活性较好，负载于惰性组分 Al_2O_3 上，可在一定程度上解决 Cu 基载氧体的烧结问题。Wang 等[51]同样研究了 CuO/Al_2O_3 载氧体的反应性能，其以阳泉煤为燃料，使用 TGA 进行了实验，表明 CuO 与 Al_2O_3 的质量比为 1∶4 时为反应性能最好的比例；在 873～1 123 K，Cu 基载氧体的反应速率可达到 2.8%/min（质量百分比）；且其证明了该反应的控制性步骤为煤的热解与气化，而非燃料与载氧体的反应，进一步说明了 Cu 基载氧体优良的反应性能；在还原反应过程中 CuO 转变为 Cu 和 Cu_2O，此外，有 $CuAlO_2$ 和 $CuAl_2O_4$ 出现。Song 等[52]改变了负载氧化物的类型，使用了 SiO_2 作为载体，研究了 CuO 质量百分比 18%～48%的 CuO/SiO_2 的载氧体反应性能，表明 Avrami-Erofeev 随机成核与子序列生长动力学模型可以描述还原反应，而相边界反应动力学模型可以描述氧化反应。Xu 等[53]进一步使用核壳结构对 Cu 基载氧体进行了改进，使用 TiO_2 对 Cu 基载氧体进行了包裹，表明 TiO_2 的加入可以加强骨架结构并增加孔隙率，使载氧体在高温下保持较好的反应特性与稳定性，防止 CuO 有效成分生成 $CuAl_2O_4$ 与 $CuAlO_2$，抑制高温烧结。此外，Cu 基载氧体还可应用于氧解耦化学链燃烧（chemical looping oxygen uncoupling，CLOU）。CLOU 主要通过 CuO

载氧体分解产生氧气，使其与固体燃料进行气固异相反应，该过程不依赖于燃料的热解与气化，因此可以进一步增加燃料的转化率。Mattisson 等[54]采用 CuO/ZrO_2 载氧体进行实验，表明石油焦的转化率是温度的函数，其在 1 158～1 258 K 温度范围内，转化速率为 0.5%/s～5%/s，且具有较高的转化率。为了进一步降低使用 CuO 作为载氧体的成本，Zhao 等[55]使用天然的铜矿石作为载氧体，在流化床实验台上对广平煤的 CLOU 过程进行了研究，其表明高温、低临界流速、小煤颗粒粒径、高载氧体燃料比以及高蒸汽含量有利于反应的进行，96%的燃烧效率与 95%的 CO_2 占比证明了铜矿石用于 CLOU 过程的可行性，但在长时间的循环操作后仍会出现烧结现象。综上，Cu 基载氧体的反应性能较好，但其较高的价格与易烧结问题限制了其使用，目前 Cu 基载氧体的应用前景主要集中于 CLOU 过程。

Ni 基载氧体的反应性能较好，并且有着优良的物化特性，相对于 Cu 基载氧体可以承受更高的温度。陈磊等[56]使用 TG 对 Ni 基载氧体的循环特性进行研究，并添加惰性组分 Al_2O_3 进行机械混合改性，结果表明纯 NiO 载氧体在多次循环后由于烧结等因素反应性能大幅下降，而添加 Al_2O_3 后，载氧体的抗烧结能力增加，反应速率与持续循环能力均大幅提高。路遥等[57]对 Ni 基载氧体的积碳性能进行了研究，表明了 Ni 基载氧体在 623 K 开始与 CO 反应，超过 1 023 K 时积碳反应速率大于还原反应速率，会有明显的积碳现象。此外，在反应的过程中通入水蒸气，可以有效地抑制积碳的发生。Shen 等[39]在串行流化床实验台上对 NiO 载氧体进行了煤化学链燃烧实验，结果表明煤的气化过程是影响碳转化率的关键因素，侧面证实了 NiO 的反应活性较高。当温度达到 1 243 K 时，碳捕集率仅为 92.8%。该学者进一步在 1 kW_{th} 试验台上进行了以 NiO/Al_2O_3 载氧体的煤化学链燃烧实验[58]，结果表明在 1 258 K 时整个系统达到了 95%的碳捕集率，提高温度后导致了两个反应器所释放的硫化物均有所增加。Niu 等[59]采用干化的污水污泥作为燃料、以 NiO 作为载氧体在流化床反应器上进行了实验研究，结果表明在 973 K 下，燃料反应器中的反应活性较高，且当 Ni 基载氧体代替石英砂作为流化床的床料时，可以进一步增强碳转化率。此外，1 173 K 下 20 个循环实验后的 Ni 基载氧体没有出现烧结现象，仅在载氧体表面附着部分灰颗粒。Silvester 等[60]分别对 Al、Si、Ti 与 Zr 浸渍的 NiO 载氧体进行了氧化还原反应特性与积碳特性的研究，表明 Si、Ti、Zr 浸渍的 NiO 载氧体表现出了良好的氧化还原特性，而 Al 浸渍的载氧体则需要进行多个循环，使 $NiAl_2O_4$ 转化为 NiO 后才能逐步表现出较好的反应性能。另外，CH_4 的分解与载氧体的比表面积定性相关。Sedghkerdar 等[61]进一步改进了 NiO/Al_2O_3 载氧体，制备了核壳结构的 NiO/Al_2O_3@Zr 载氧体，并开发了粒度分布模型用以描述该载氧体的氧化、还原反应，同时表明，在 1 123 K、氮气气氛下的煤化学链燃烧实验中，NiO/Al_2O_3@Zr 载氧体的转化率为 35%。Sun 等[62]综合分析了 $NiO/NiAl_2O_4$ 载氧体的制备方法对载氧体性能的影响，结果表明共沉淀法制备的 Ni 基载氧体可使 CH_4 转化率达到 99%，且 10 次循环后载氧体仍具有较高的稳定性与活性。同时，$NiO/NiAl_2O_4$ 载氧体多次循环后稳定性下降的原因是 $NiAl_2O_4$ 的相分离与 NiO 的烧结。Park 等[63]研究了 Mg 含量对 NiO/Al_2O_3 载氧体反应性能的影响。其结果表明 JMA 模型适用于该载氧体的反应机理，同时还原反应由依赖于反应温度与气体浓度的表面反应、短时间的成核作用、受气体扩散速率的动力学控制反应组成，在氧化反应阶段并未发现较快的表面反应。Tijani 等[64]对以 NiO/Al_2O_3 为载氧体的化学链燃烧过程进行了工业级的流程模拟，表明提高燃料反应堆的温度值 1 473 K，可以实现 CH_4 到 CO_2 61.19%的转化率，而提高压力对转化率没有影响，但提高载氧体颗粒流速会降低燃料的转化率。综上，Ni 基氧体的使用一般会使用 Al_2O_3 等惰性载体，用于提高其反应性能和循环稳定性，但由于 Ni 的价格较高，同时其对环境与人体的污染较大[65]，因此 Ni 基载氧体的应用有一定的局限性。

Fe 基载氧体由于较为廉价、对环境友好、无污染等特性，受到了学者们的广泛关注。Mattison 等[66]在固定床反应器上验证了基于 Fe_2O_3 载氧体化学链燃烧的可行性，其采用 CH_4 为燃料在 1 223 K 下进行实验，结果表明还原反应速率在 1%/min～8%/min，CO_2 的产率在 10%～99%的范围内，氧化反应阶段的速率则高达 90%/min，其认为该反应速率可以适用于化学链燃烧系统。为了进一步改进铁基载氧体，Mattison 等[67]使用冷冻造粒法，将 Fe_2O_3 负载于惰性组分 Al_2O_3、ZrO_2、TiO_2 与 $MgAl_2O_4$ 上并进行不同温度的煅烧，在实验室尺度的流化床反应器上，使用 CH_4 与 H_2O 体积比为 1∶1 的模拟气体于 1 223 K 下进行了化学链燃烧循环实验，结果表明，1 223 K 煅烧的载氧体与 1 373 K 煅烧的载氧体性能差别较小，$Fe_2O_3/MgAl_2O_4$ 在反应初期的反应性最好，Fe_2O_3/ZrO_2 与 Fe_2O_3/Al_2O_3 反应性能较为良好，而在 1 573 K 煅烧的载氧体中，Fe_2O_3/Al_2O_3 具有最高的反应活性。Cabello 等[68]使用 TGA 对 Fe_2O_3/Al_2O_3 载氧体进行了分析，表明该载氧体的还原反应遵循缩核模型，在反应初期，还原反应速率受到化学反应控制，在较高转化率下控制性步骤为产物层的扩散过程。Liu 等[69]采用喷雾热解法制备了碱金属掺杂的 Fe_2O_3 与 Fe_2O_3/Al_2O_3 复合载氧体，在固定床反应器中进行 50 次循环实验后表明，碱金属的掺杂可以一定程度上改善循环实验中由 Fe-Al 相分离所造成的反应活性下降，并且 Al_2O_3 惰性组分的添加有助于燃料转化为 CO_2，同时可以减少积碳的发生。Corbella 等[70]使用 TiO_2 改性的铁基载氧体在 1 173 K 下进行了循环实验，表明，Fe_2O_3/TiO_2 载氧体可提供的氧量要低于预期，这是由于活性组分与惰性组分生成了 $FeTiO_3$，且该载氧体的活性与氧含量无关。Shen 等[40]在 10 kW_{th} 实验台上对铁基载氧体的生物质化学链燃烧进行了 30 h 的测试，表明，在还原阶段中的 CO_2 气化生物质的反应，比 CO 与 Fe_2O_3 的反应温度依赖性更大；随温度升高，生物质碳转化为 CO_2 的比例降低，但反应的生物质碳比例显著增加。此外，该实验的 XRD 与 SEM 分析结果表明，Fe_2O_3 转化为 Fe_3O_4 是载氧体活性较高的阶段，而载氧体反应活性的降低主要是表面烧结造成的。因此，其建议在空气反应器中采用空气分级的方法以避免铁基载氧体与空气的剧烈反应。为了进一步降低铁基化学链燃烧的成本，Gu 等[71]采用天然铁矿石为载氧体，在 1 kW_{th} 连续反应器中进行了生物质/煤混合燃烧的化学链燃烧实验，其表明由于热力学约束，铁基载氧体仅在 Fe_2O_3 到 Fe_3O_4 的阶段活性较高，因此铁矿石的氧传输能力较差，而提高温度有助于提高燃料的转化效率与碳捕集效率。由于铁矿石中存在 SiO_2，因此其抗烧结能力较强；且在多次循环之后，仍表现了良好的孔隙构型。此外，EDX 结果也表明，碱金属会在载氧体表面沉积，其认为可能会对载氧体产生不利的影响。Mendiara 等[72]进一步对以 Tierga 钛铁矿为载氧体的化学链燃烧过程进行了动力学研究，开发了动力学模型用以预测不同条件下的氧化、还原反应速率，表明，反应温度大于 1 250 K 时才可以使 CH_4 达到足够的转化率。Ubando 等[73]使用赤铁矿为载氧体，对微藻的化学链燃烧进行了实验研究，其表明，经过烘焙的微藻所需的反应温度更低。Leion 等[74]则使用冶金过程所产生的铁矿石、氧化铁皮等废弃物进行了实验室尺度的流化床循环实验，实验结果表明，废弃物在化学链燃烧中的适用性较好，且其反应性能随时间增加而增大。该研究为进一步降低铁基载氧体的应用成本提供了新的思路。Wang 等[75]系统地研究了碱土金属氧化物、碱土金属铝酸盐对铁矿石载氧体的影响，表明，碱土金属氧化物与铁基载氧体之间有较强的相互作用，可以提高铁基载氧体晶格氧的迁移率，提高了其氧化还原能力。添加碱土金属氧化物可提高了铁矿石的抗烧结能力，并使铁基载氧体的孔隙率增加，更适用于长期的化学链燃烧过程。Zhang 等[76]采用生物质灰对铁矿石进行改性，TGA 与流化床实验结果均表明灰分添加后提高了铁矿石的反应性能，但富含 Si 的稻草灰会引起严重的颗粒烧结，油菜茎灰所改性的铁基载氧体性能最好；当灰分添加量低于 20%时，污泥灰和稻草灰不会引起反应活性严重下降。

综上，铁基载氧体价格低廉，特别是直接使用铁矿石与铁废弃物可以进一步降低铁基载氧体的使用成本。同时对铁矿石等铁基载氧体进行合理改性后，可以增加孔隙率与循环能力。但铁基载氧体含氧量较低；且由于热力学性质的限制，铁基载氧体仅在 Fe_2O_3 到 Fe_3O_4 的阶段活性较高，其优质晶格氧的含量更低，因此其应用受到一定的限制。

Co 基与 Mn 基载氧体热稳定性均较好，但由于其价格昂贵且毒性较强[77,78]，极大地限制了二者在化学链燃烧中的应用。Alalwan 等[79]研究表明，纳米 Co_3O_4 载氧体在 973 K 下有较强的反应性能，该载氧体的还原态依次为 Co_3O_4、CoO、Co。Hwang 等[80]使用 TG 对 $CoTiO_3$ 钙钛矿载氧体性能进行了研究，结果表明，Co 基载氧体的氧传输效率较高，且在多次循环后颗粒没有团聚且可以较好地保持初始状态。其被还原后的产物为 Co/TiO_2 与 CoC_x。Mattison 等[81]则证明了 Co 基可以用于 CLOU 过程，但其缺陷是燃料反应器整体表现为吸热反应。Cho 等[82]研究了 Mn 基载氧体在流化床中的化学链燃烧反应特性，表明 Mn 基载氧体还原时间随着循环次数的增多先增加后减少，还原时间的上下限分别为 400 s 与 50 s，且其在还原过程中不会出现反流态化的现象。Abad 等[83]则在 300 W 的连续反应系统中测试了 Mn 基载氧体的性能，表明 Mn 基载氧体负载于 Mg-ZrO_2 后，在 70 h 的循环实验中未出现失活与团聚现象，而较高的温度和较低的燃料流量可提高燃烧效率，系统燃烧效率为 88%～99%。Arjmand 等[84]研究了不同锰矿石的化学链燃烧特性，其实验结果表明，锰矿石的碳气化率和气体转化率要高于钛铁矿，同时锰矿石内部的碱金属可以加快焦炭气化速率。Schmitz 等[85]针对锰矿石易磨损的特点在 10 kW 实验台对其进行了进一步的筛选，发现 Mn 基载氧体同样可以发生氧解耦现象。Sundqvist 等[86]研究了 1 173 K、1 223 K、1 273 K 下锰矿石的化学链燃烧与 CLOU 过程，表明，CLOU 过程释放的氧气占载氧体质量的 0.01%～0.03%。Mei 等[87]进一步研究了锰矿石的 CLOU 行为，表明，CLOU 性质不足以供给足够的氧量，而锰矿石由于较高的反应活性，更适用于 CLC 过程。

单一金属氧化物载氧体的特性总结见表 1-1。由于单一金属氧化物载氧体优点与缺点并存，不能兼顾反应性能、机械性能等特性，因此部分研究采用双金属氧化物载氧体来提高整体的综合性能。双金属氧化物载氧体包括 Ni-Fe 载氧体[88–91]、Cu-Fe 载氧体[92–96]、Co-Ni 载氧体[97–100]、Co-Fe 载氧体[101–104]、Mn-Fe 载氧体[105–108]等，其主要利用两种载氧体的优点，以避免两者的缺点。然而，制备双金属需要额外的成本，且其中会用较为昂贵的载氧体，因此其应用受到一定程度的限制。

表 1-1 单一金属氧化物载氧体特性

载氧体	优点	缺点
Cu 基	反应活性好，不易积碳	高温易烧结
Fe 基	无污染，价格低廉	载氧量低，仅 Fe_2O_3、Fe_3O_4 活性高
Ni 基	反应性能好、物化性质较好、耐高温	有污染，价格较高
Co 基	耐高温、稳定性好	循环能力差，易烧结，价格昂贵
Mn 基	稳定性好，易与载体生成稳定化合物	载氧量低，价格昂贵

相对于金属氧化物载氧体而言，以 $CaSO_4$ 为代表的非金属氧化物载氧体由于载氧量高、价格低廉、对环境友好等特点，发展潜力较大。沈来宏等[109]采用热力学平衡方法对 $CaSO_4$ 作为载氧体的煤化学链燃烧过程进行了模拟计算，其在热力学角度上对比了各种载氧体的反应性能，结果如图 1-4 所示。

$CaSO_4$ 在热力学上的反应性能与 NiO 相近，但其载氧量更高，因此是较为理想且廉价的载氧体。Song 等[110]采用固定床对 CH_4 还原 $CaSO_4$ 的反应进行了循环实验研究，长时间的氧化还原实验表明，$CaSO_4$ 载氧体虽然在热力学上反应性能较好，但其反应速率较低。温度的升高可以提高反应性能，但当还原反应温度达到 1 273 K 时，会有 6%左右的 SO_2 析出，因此其认为适合 $CaSO_4$ 载氧体的还原反应温度为 1 223 K 左右，同时延长反应时间可以进一步增加 CH_4 的转化率。此外，研究还发现了当 $CaSO_4$ 载氧体接近于反应结束时积碳现象较为严重。Song 等[111]进一步采用流化

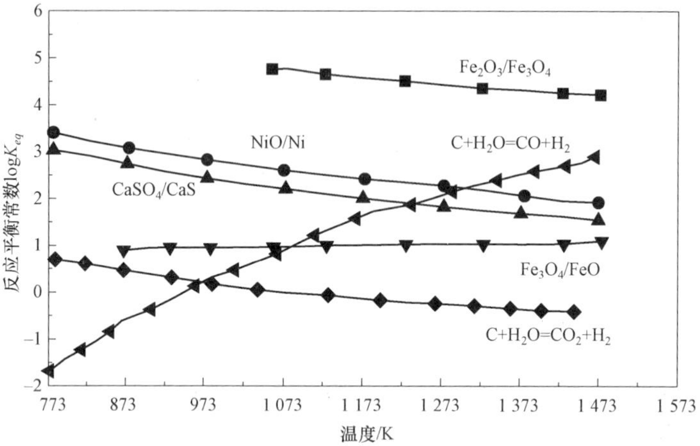

(a) CO

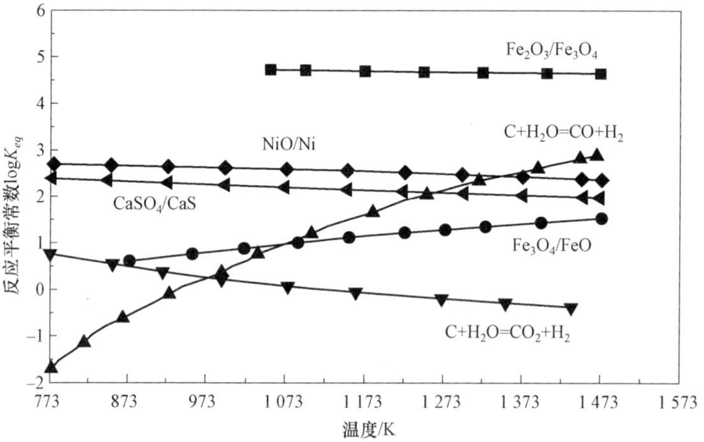

(b) H_2

图 1-4　不同载氧体的热力学反应性能

床反应器研究了 1 163～1 223 K 温度范围内 $CaSO_4$ 载氧体与模拟煤气的反应性能，实验结果表明，在还原初始阶段，$CaSO_4$ 载氧体表现出较高反应活性，但在还原末期反应性能逐步降低；温度过高导致了 S 的释放，实验中在 1 223 K 下仍有较多的 SO_2 与 H_2S 产生，且出现了轻微的烧结现象；缩核动力学模型适用于描述 $CaSO_4$ 载氧体的还原反应过程。Deng 等[112]对 $CaSO_4$ 载氧体与 H_2 的化学链燃烧进行了数值模拟，其研究对象为燃料反应器（鼓泡床），结果表明，在燃料反应器中 H_2 的转化效率较低。该现象的主要原因有两点：一是燃料反应器的温度较低；二是载氧体粒径较大，造成鼓泡床中产生快速、较大的气泡，导致 H_2 与 $CaSO_4$ 的接触不佳，因此其建议采用纳米尺度的 $CaSO_4$ 载氧体。Zheng 等[113]使用流化床反应器对 $CaSO_4$ 载氧体的煤化学链燃烧过程进行了研究，主要考察了温度和气化介质对反应过程的影响。其结果表明，在 1 223 K 以下，温度的升高可以加快反应速率与 CO_2 的产生效率，而超过该温度会造成载氧体的烧结，从而降低效率。气化介质中蒸汽/CO_2 比为 3∶1 时可加快反应速率，在 1∶1 时会使硫释放达到最高值。此外，采用 CO_2 作为气化介质时可提高载氧体的抗烧结能力。Ding 等[114]使用挤压造粒法混合拟薄水铝石制备了 $CaSO_4$ 载氧体，表明，增加纳米骨架结构可增大 $CaSO_4$ 的比表面积，从而显著地增大反应效率。其使用浸渍法得到的 Ni/Fe-$CaSO_4$ 氧体也表现出了优良的反应性能[115]，但其在 1 223 K 下会发生严重的积碳与硫释放现象，因此认为 1 198 K 为适用于钙基载氧体的还原反应温度。Liu 等[116]采用热力学方法对煤化学链过程中产生合成气的机理进行了分析，该过程可以认为是载氧体不足的化学链燃烧过程。实验结果表明，在 CO_2 气氛中合成气的产量较高，产生合成气的最佳温度为 1 113～1 223 K；在 1 073～1 373 K 温度范围内，燃料反应器中的反应主要分为 3 个阶段：$CaSO_4$ 与煤焦的反应、煤焦气化、$CaSO_4$ 的分解。此外，其认为在低于 1 173 K 时固固反应起主要作用。Guo 等[117]则认为 $CaSO_4$ 氧传输能力强于金属氧化物载氧体，而且廉价的特性使其成为较理想的载氧体。但是由于固体燃料化学链燃烧主要使用流化床作为反应器，因此燃料转化不完全和 $CaSO_4$ 较差的机械性能限制了其应用，其建议对 $CaSO_4$ 的研究应着重在提高其反应速率和多循环能力方面，SO_x、NO_x 等污染物的排放控制有较大的研究价值。Zhang 等[118]研究了不同工况下的 $CaSO_4$/CaO 载氧体的反应性能与硫释放特性，表明加入 CaO 可以提高 CO_2 的产率。Wang 等[119]采用 CuO 与 $CaSO_4$ 混合载氧体进行了褐煤化学链燃烧试验，表明 $CaSO_4$/CuO 比例为 6∶4 时反应性能最好，其中主要是 $CaSO_4$ 提供晶格氧。而在 $CaSO_4$ 载氧体中加入 CoO 的实验结果表明，CoO 的加入提高了还原反应的反应速率与燃料转化率[120]。利用组合模板法将 Ca_2CuO_3 掺入 $CaSO_4$ 中，可使被还原的 Cu 在熔融界面中重新获取 $CaSO_4$ 中未反应的晶格氧，从而增强 $CaSO_4/Ca_2CuO_3$ 载氧体的反应活性[121]。Yang 等[122]则证明了基于磷石膏的 $CaSO_4$/NiO 载氧体在化学链气化中有较高的反应速率，表明 $CaSO_4$/NiO 载氧体可以降低反应温度，从而降低能耗。Wang 等[123]使用电厂脱硫渣作为 $CaSO_4$ 载氧体，在增加了反应活性的同时，进一步降低了钙基载氧体的使用成本。

硫释放是限制 $CaSO_4$ 载氧体应用的重要因素之一。硫释放一方面会生成 SO_2、H_2S 等污染性气体；另一方面会造成 $CaSO_4$ 载氧体的硫损失，使其载氧量减低，从而降低载氧体在还原反应中的反应活性，致使燃料转化率下降。目前主要采用机械添加矿物质的方式减少硫释放。Zhang 等[124]比较了添加 CaO 与 $CaCO_3$ 对 $CaSO_4$ 载氧体硫释放特性的影响，表明二者均有较强的固硫能力，其中 CaO 的固硫效果更为出众，其固硫能力随着 Ca/S 比的增加而增大。该学者进一步研究了不同工况下的 $CaSO_4$/CaO 载氧体的硫释放特性[118]，表明 CaO 加入后氧化、还原反应两个阶段的硫释放均有所降低。在循环实验的前六个循环中，添加 CaO 使 SO_2 释放反应的活化能增大；而后的循环中，CaO 的添加对 SO_2 释放反应的活化能影响较小。Abad 等[125]采用煤作为燃料，研究了 $CaSO_4$/CaO 载氧体的性能与硫释放特性，结果表明为了降低硫的释放，载氧体与燃料的比例取决于固体燃料的含硫量；在固体燃料的原位气化化学链燃烧中，$CaSO_4$ 载氧体的氧传输性能是其他廉价载氧体（如钛铁矿等）的 4 倍。Zheng 等[126]研究发现，不添加 CaO 的情况下在 CaS 氧化阶段也会造成 SO_2 释放，因此采用添加 CaO 的方法从反应平衡的角度分析，可以吸收氧化反应中释放的 SO_2；而添加 CaO 后 SO_2 的释放随温度、O_2 浓度、CaO/CaS 摩尔比不同而变化，在 1 173 K、CaO/CaS 摩尔比为 1∶1 及 5% O_2 浓度的情况下，SO_2 将被 CaO 完全捕获。Wang 等[119]采用 CuO 与 $CaSO_4$ 混合载氧体实验表明，Cu 可固定 S 而形成 Cu_2S，从而减少 S 的释放。研究表明，CoO 加入 $CaSO_4$ 载氧体中后，$CaSO_4$ 分解所产生的气态 S 被 Co 固定为 CoS 与 Co_9S_8，二者与 CaS 的 S 含量总和大于 99.8%。其认为 $CaSO_4$/CoO 载氧体不仅反应性能与抗烧结性能较好，控制硫释放也有一定的潜力[120]。其添加 Cu_2CaO_3 的机理与前述一致，通过热分解产生的 Cu 与 CaO 固定 $CaSO_4$ 释放的含 S 气体[121]。Song 等[127]将赤铁矿加入到 $CaSO_4$ 载氧体中，研究表明，该方法可以在减少硫释放的同时提高煤的转化效率，原因为赤铁矿的加入抑制了副反应的进行，从而提升了转化效率。综上，$CaSO_4$ 载氧体在热力学上表现了良好的性能，但其反应速率低、反应中存在硫释放的隐患。目前，其硫释放现象可通过添加 CaO 等低成本添加剂得到解决，因此改善其反应速率较低的问题是大规模应用的当务之急。

1.2.4　载氧体的固固反应研究

虽然化学链燃烧中热解后的焦炭与载氧体的反应速率较慢，但其在一定程度上仍旧对整体反应有明显的影响。Zhao 等[128]表明 NiO/$NiAl_2O_4$ 载氧体可以与焦炭进行反应，但反应速率较慢，且温度需高于 1 123 K。Rubel 等[129,130]在铁基载氧体的化学链燃烧研究中表明，热解后的煤焦可以与载氧体发生固固反应，在长时间（5～6 h）的反应后其碳转化效率可以达到 92%～99.7%，虽然该反应速率较慢，但其在整个固体燃料化学链燃烧中仍较为重要；当灰分含量低于 25%时，其对 TG 中固固反应物之间的接触没有影响；在实际使用的流化床反应器中，灰分对于固固反应物接触的影响更小。Yu 等[131]通过神木煤焦与铁基载氧体的反应也证明，当采用适当的 C/Fe_2O_3 摩尔比及采用碱金属催化后，可以促进化学链燃烧中的煤焦-载氧体固固反应。Chen 等[132]使用铁基载氧体研究表明，焦炭和载氧体之间的直接接触反应速率可观、直接影响着整个化学链反应的产率，而温度的升高可以极大地提升反应速率，使原位气化反应和固固反应之间的竞争向固固反应偏移，从而提高碳转化率。由上可知，虽然固固反应速率低于气固反应，但其在高温下仍会对整个反应进程产生较大的影响，因此固固反应有一定的研究价值。

1.2.5 量子化学在化学链燃烧中的应用

由于实验方法仅能获得其宏观现象，并由现象推断机理；同时，实验所需成本较高，且受到实验条件、环境等因素的制约。因此，实验方法有一定的局限性。计算方法可以直接获取载氧体的微观反应机理，对实验具有指导作用，可为载氧体的改性与应用提供理论支撑。量子化学方法是目前应用较为广泛的计算手段之一，其中的密度泛函理论（density functional theory，DFT）在其中较为流行。

Qin 等[133,134]运用第一性原理（first principles thinking）对 CO 与高挥发分烟煤的探针分子模型在 Fe_2O_3（001）与 Fe_2O_3（104）表面的反应进行了研究，表明，高指数面的 Fe_2O_3（104）表面比 Fe_2O_3（001）表面的反应性能好，在逐步氧化的载氧体表面，Fe_2O_3（104）表面仍旧表现了良好的反应性能。基于以上结果，该学者进一步对比研究了 Fe_2O_3 负载于不同载体对反应性能的影响[135,136]，表明 Fe_2O_3 负载于惰性载体后，还原反应的能垒降低，氧化反应的能垒升高。Lin 等[137]对 CO 在 α-Fe_2O_3（100）与 α-Fe_2O_3（001）深度还原表面的还原反应与积碳反应进行了研究，对比了两个表面上 CO 氧化为 CO_2 与 CO 分解积碳反应的能垒差异，并对其进行了动力学分析。计算结果表明，CO 化学吸附于 Fe_2O_3 表面，相较于 α-Fe_2O_3（100）表面，CO 更易吸附于 α-Fe_2O_3（001）表面。同时，其通过反应路径的能垒差异解释了铁基载氧体随着还原深度的增加反应性能降低的原因。Huang 等[138]在研究 CH_4 与 α-Fe_2O_3（001）表面的反应中表明，内层 O 迁移至表面本质上是发生在高温的过程，需要克服较大的势垒。Dong 等[139]计算了 CO 在 Fe_2O_3（0001）与 Fe_2O_3（1102）表面的氧化过程，表明 Fe_2O_3（1102）表面 CO 氧化为 CO_2 的过程较易发生。Liu

等[140]对 $CoFe_2O_4$ 载氧体的还原反应进行了研究，表明 Co 提高了 $CoFe_2O_4$ 的反应活性，该载氧体 O 的扩散能力要强于 Fe_2O_3。此外，$CuFe_2O_4$ 载氧体与 $MnFe_2O_4$ 载氧体反应活性较高的原因与 $CoFe_2O_4$ 相似。前人的 DFT 计算结果表明 Cu 与 Mn 的存在提高了整体的反应性能[141,142]。Feng 等[143]研究了不同碱金属掺杂对 Fe_2O_3 载氧体的影响，通过空位形成能进行对比分析，表明 Li、Na、K 是最佳添加剂。Yuan 等[144]采用多尺度模拟对 CO、H_2 与 NiO 的反应机理进行了研究，表明 CO 的反应为一步反应，而 H_2 的反应为三步反应，其中 H_2 的分解过程为反应控制性步骤。基于该反应机理，其进一步使用平均场模型研究了操作条件的影响，表明载氧体内部通道是影响 CLC 过程的关键因素。Feng 等[145]研究表明，NiO 负载于 $MgAl_2O_4$ 与 ZrO_2 后，表面反应更容易进行。Siriwardane 等[146]采用苯环模型研究了碳与 CuO 的相互作用机制，计算结果表明，当碳足够接近于 CuO 时，Cu-O 键伸长导致断裂，说明如果在 CuO 和 C 之间达到足够的分子相互作用距离时，可通过固固相互作用进行还原反应。Wang 等[147]对 CuO 负载于 ZrO_2 载氧体与 CO 的氧化、还原反应进行了研究，表明 CuO 负载于载体后对两个反应均有促进作用。Zheng 等[148]与 Wu 等[149]进一步对 CO 在 CuO（111）表面的还原反应进行了机理计算，结果表明，还原阶段的反应遵从 E-R（Eley-Ridea）机理。针对 $CaSO_4$ 载氧体，Zhang 等[150,151]对 CO 与 CH_4 为燃料的还原反应进行了研究，计算得到 $CaSO_4$ 各还原阶段的反应路径，并说明 $CaSO_4$ 至 $CaSO_3$ 的阶段是整个还原反应的限制性反应步骤。

综上，相较于金属氧化物载氧体，$CaSO_4$ 载氧体的反应机理研究较少，且仅有的研究虽然采用了周期性表面模型，但其反应过程针对的是单个 $CaSO_4$ 分子。若充分发挥表面模型的特点和优势，并进行波函数分析、动力学分析等与结构、反应过程相关的特性分析，以及考虑还原反应与积碳分解反应的竞争等影响，即可更加深入地揭示 $CaSO_4$ 载氧体的特性，从

而为 $CaSO_4$ 载氧体的改性与应用提供理论依据。

1.2.6 分子动力学的应用简介

分子动力学（molecular dynamics，MD）是基于体系的动态演化经过统计以提取体系构型、各项性质的方法，其在化学链燃烧领域已有一定的应用。Lin 等[137]采用第一性原理分子动力学对 α-Fe_2O_3（100）与 α-Fe_2O_3（001）表面进行了模型构建，通过不同温度的模拟得到了不同还原程度的 α-Fe_2O_3（100）与 α-Fe_2O_3（001）表面，该一系列表面模型为后续的 DFT 计算奠定了基础。Qin 等[134]则利用经典 MD 方法对烟煤探针分子与 Fe_2O_3 载氧体的相互作用过程进行了研究，通过能量概率分布得到了烟煤探针分子更易在 Fe_2O_3（104）表面结合的结论。Zhao 等[152]计算了 CuO 负载于不同载体的烧结机理，表明较小的粒径与较高的温度会使 CuO 载氧体趋于非晶化，在三种载体（TiO_2、SiO_2、ZrO_2）的比较中，CuO/ZrO_2 的抗烧结性最好。此外，随着温度的升高，不同负载的 CuO 载氧体表面积的差异增大。

分子动力学在扩散方面表现出较好的适用性。在电池的机理研究中，Zelovich 等[153]研究了燃料电池阴离子交换膜中氢氧离子的扩散行为。Thomas 等[154]研究了 α-与 β-石墨烯表面 Li 的扩散特性。Chen 等[155]则利用 MD 的计算结果，对 Li 在 $Li_7La_3Zr_2O_{12}$ 晶体内的扩散进行了无监督的机器学习，并结合信息论分析电池中 Li 扩散的缺陷。分子动力学同样适用于水中的气体或水自身的扩散过程。Zhao 等[156]基于煤的超临界水气化过程，对 H_2 在超临界水中的扩散过程进行了模拟。该学者进一步研究了其余气体在临界水中的扩散行为[157]。狭缝与孔道中的扩散行为也属于分子动力学所研究的范围。Montero de Hijes 等[158]使用 MD 方法修正了高压下水扩散的动态模型。Franco 等[159]研究了不同气体在两个方解石（1014）表面所构成的夹缝中的扩散系数，并对比了温度和孔径对该输运过程的影响。Collin 等[160]通过计算纳米 SiO_2 孔道内水与碱金属的配位、迁移等过程，对硅酸盐玻璃体和矿物质转化的动力学行为进行了研究。Li 等[161]研究了不同气体在二维层状膜中的分离过程。Zhang 等[162]研究了不同页岩油成分在页岩纳米孔中的扩散情况。

综上，分子动力学在化学链燃烧中的应用较少，且鲜有文献研究载氧体孔道内部的扩散机理。而在其他领域中，分子动力学用于扩散性质的研究较多且理论较为完备，其可以揭示不同工况对所研究体系扩散性质的影响。因此，利用分子动力学研究化学链燃烧中扩散阶段的性质可以更深入地揭示其机理，从扩散角度为钙基载氧体的应用与改性提供理论依据。

1.3 研究内容与技术路线

由于化学链燃烧的初衷是为了降低 CO_2 捕集的成本，同时载氧体需要有较强的氧传输能力与环境友好性，因此 $CaSO_4$ 作为化学链燃烧的载氧体之一，具有较好的应用前景。前人研究表明，$CaSO_4$ 载氧体的缺陷主要是反应速率低与自身分解所造成的硫释放。其中，钙基载氧体硫释放的问题可通过添加 CaO 等方法解决，但在固体燃料化学链燃烧中，固体燃料本身也会有部分 S 以气体的形式释放。实际应用中，在 CO_2 加压储存前需要进行高压联合脱硫脱硝，该技术可参考富氧燃烧技术的高压脱硫脱硝单元[163,164]。因此硫释放问题不是制约 $CaSO_4$ 应用的主要因素。对于 $CaSO_4$ 载氧体应用的关键问题是提高 $CaSO_4$ 的反应速率。目前的研究方法主要有：对载氧体进行改性，对改性后性能优异的载氧体进行表征，再依据实验结果与表征结果推测载氧体的反应机理与改性方法对载氧体性能的影响。该方法实验成本较高，且所得到的机理多是基于现象的定性结论。因此，本研究拟对 $CaSO_4$ 载氧体反应机理进行深入研究，以获取其反应速率较慢的根本原因，研究结果可为 $CaSO_4$ 载氧体进一步改性提供明确方向，为其进一步应用提供理论基础。

1.3.1 研究内容

本研究采用计算、模拟与实验相结合的手段，研究 $CaSO_4$ 载氧体在固体燃料化学链燃烧中的还原反应机理。通过实验方法耦合固体燃料的热解过程与还原反应过程、通过计算模拟分离气固反应过程、固固反应过程与扩散过程，揭示还原反应中，$CaSO_4$ 载氧体与气、固燃料的相互作用机制。具体研究内容如下：

（1）通过 TG 与动力学分析研究载氧体与将军庙煤的反应过程，通过热解反应与化学链燃烧还原反应的耦合分析，确定还原反应各温度阶段的反应特征，并通过多种非等温动力学无模型拟合方法，确定总包反应的表观活化能，并明确还原反应各温度段的机理函数。

（2）通过密度泛函理论研究气固反应的动力学过程，深入探讨动力学过程中的吸附、表面反应机理，明确 $CaSO_4$ 与 CO 的动力学行为特征，通过过渡态理论与反应动力学分析还原反应与 CO 分解积碳反应的竞争关系，并通过基元反应的热力学平衡方法，分析温度、反应物浓度对还原反应与 CO 分解积碳反应的影响。

（3）通过半经验紧缚型量子化学方法研究焦炭探针分子与 $CaSO_4$ 载氧体的相互作用机制，使用波函数分析深入揭示二者之间的弱相互作用形式，并对比不同 $CaSO_4$ 晶面对焦炭–载氧体固固相互作用的影响。

（4）通过经典分子动力学研究 $CaSO_4$ 载氧体孔道内气体的扩散输运过程，探讨孔径、温度等因素的影响，同时对比不同气体种类的扩散差异，预测 Na、Fe 负载于孔道表面后对气体扩散输运特性的改善情况。

1.3.2　技术路线

基于以上研究内容，本研究的技术路线如图 1-5 所示。

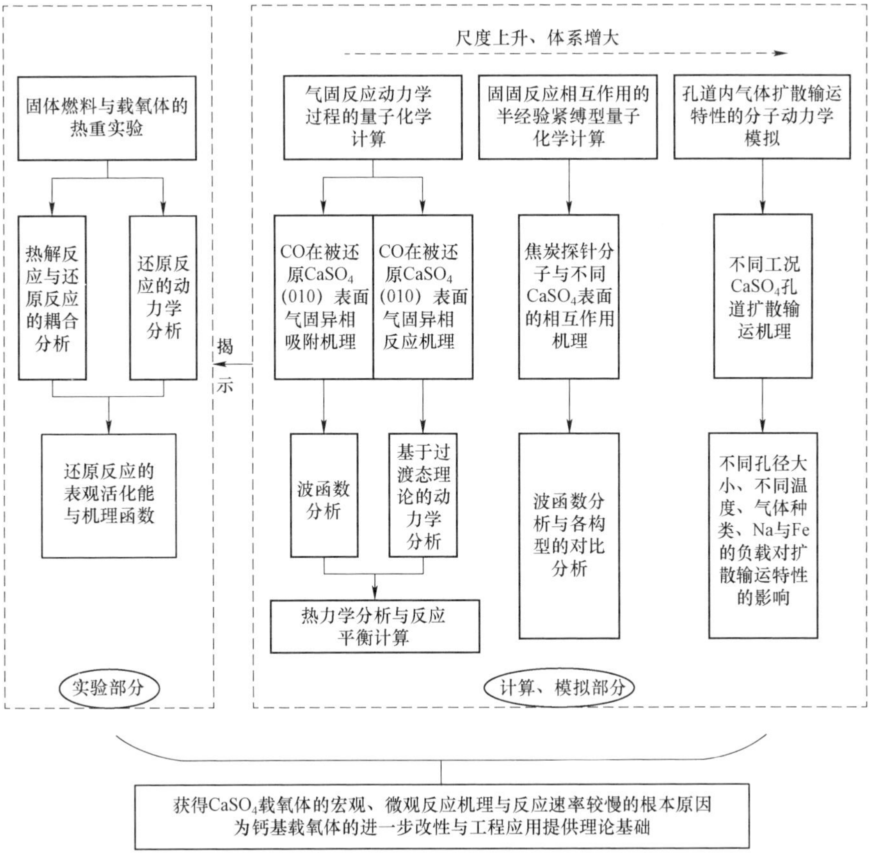

图 1-5　本研究技术路线

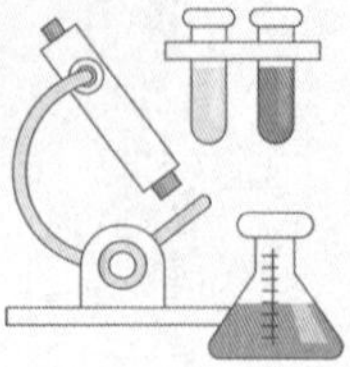

第2章

热解反应与还原反应的耦合分析

2.1 本章引言

在固体燃料化学链燃烧中，载氧体与固体燃料在燃料反应器（还原反应器）中进行接触反应。该反应器为还原性气氛，固体燃料会发生热解反应产生挥发分、焦炭等物质。同时，产生的挥发分与焦炭会与载氧体进行还原反应。该过程中，热解反应与还原反应之间的关联较为紧密，本章将采用热分析（thermal analysis，TA）方法，对热解反应与还原反应的动力学过程进行耦合，从而深入了解化学链燃烧中燃料反应器中的还原反应机理。

热分析方法主要通过反应的转化率，依据质量作用定律、反应级数概念以及 arrhenius 定律描述反应的动力学方程。热分析方法包括等温法、单扫描速率的不定温法与多重扫描速率的不定温法。多重扫描速率不定温法通过不同的加热速率测得多条 TA 曲线用以进行动力学分析，由于其中一部分方法使用多条曲线上同一转化率 α 处的数据，又称为等转化率法（iso-conversional method）。由于其在不涉及动力学模型函数的条件下，即可获得可靠的表观活化能，因此被称为无模型函数法（model-free method），本章的动力学分析部分主要基于该方法进行。

2.2　实验原料与方法

本实验采用中国新疆准东地区的将军庙煤作为固体燃料，其煤质分析见表 2-1。该煤种的挥发分较高且灰分较低，是良好的动力用煤。通常高挥发分煤种对于化学链燃烧过程较为有利。

表 2-1　将军庙煤的煤质分析

分析方法	工业分析				元素分析				
	M_{ad}	A_{ad}	V_{ad}	FC_{ad}	C_d	H_d	O_d	N_d	S_d
含量	12.22	6.71	26.19	54.89	71.12	3.30	16.16	1.32	0.46

实验前，将军庙煤样品在 378 K 下干燥 2 h，降低水分对热重实验中的影响。干燥后进行研磨筛分，保证其粒径小于 180 μm。实验使用 $CaSO_4/CaO$ 混合载氧体。制备过程中，$CaSO_4 \cdot 2H_2O$ 与 CaO 分别在 1 173 K 下煅烧 30 min，使其脱水并保证高温下的性质稳定；经过研磨筛分后，保证二者的粒径小于 180 μm，并以摩尔比 1∶1 进行机械混合后用于实验，该混合载氧体的 XRD 分析如图 2-1 所示。热解反应热重（thermal gravity，TG）实验样品为将军庙煤；还原反应热重实验样品为将军庙煤样品与 $CaSO_4/CaO$ 载氧体以质量比 1∶12 进行机械混合，以载氧体过量的方法保证反应充分进行。

实验所用 TG-DSC 仪器为 Netzsch STA 449 F3 型热重分析仪（TG），所使用的质谱仪（MS）为 Netzsch QMS 403 型。实验中，吹扫气与保护气均使用氩气（Ar），流量均为 30 mL/min。热解实验与还原反应实验均使用 378 K 作为初始温度，1 173 K 作为终温，并在终温恒温 30 min；耦合分析的热解、还原反应实验采用 10 K/min 升温速率；动力学分析的多种升温速率分别为 10 K/min、20 K/min 与 40 K/min。实验中的样品重量保持在 10 mg 左右，且实验结果均已进行归一化修正处理。

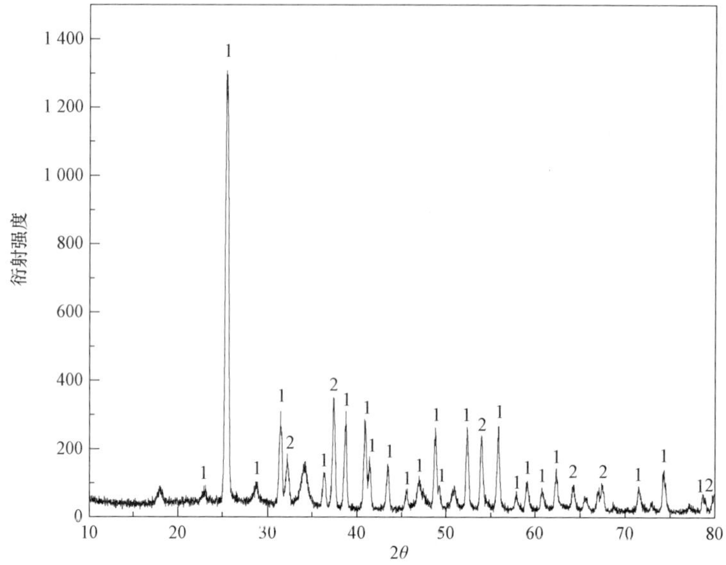

图 2-1　$CaSO_4$/CaO 混合载氧体 XRD 图谱

1—$CaSO_4$；2—CaO

2.3　将军庙煤的热解特性

将军庙煤热解的 TG、DSC、DTG、DDSC 曲线如图 2-2 所示。

通常而言，热解过程可以分为三个阶段：水分析出阶段、挥发分主要析出阶段与挥发分连续微量析出阶段[165]。由于水分的析出过程对化学链燃烧过程影响较小，因此在本实验中将其忽略，且热解温度的起点设为 105 ℃。在热失重曲线（TG 曲线）与热失重微分曲线（DTG 曲线）中，小于 440 K 的阶段有较少的质量下降，且该阶段处于水分失重峰的末端，表明该阶段为少量水分析出阶段。在 440～900 K 的持续升温阶段出现了热解中最主要的失重区间。该区间包含 4 个失重峰，对该 4 个 DTG 失重峰采用 GAUSS 函数进行分峰处理后，得到的 4 个拟合曲线如图 2-3 所示。

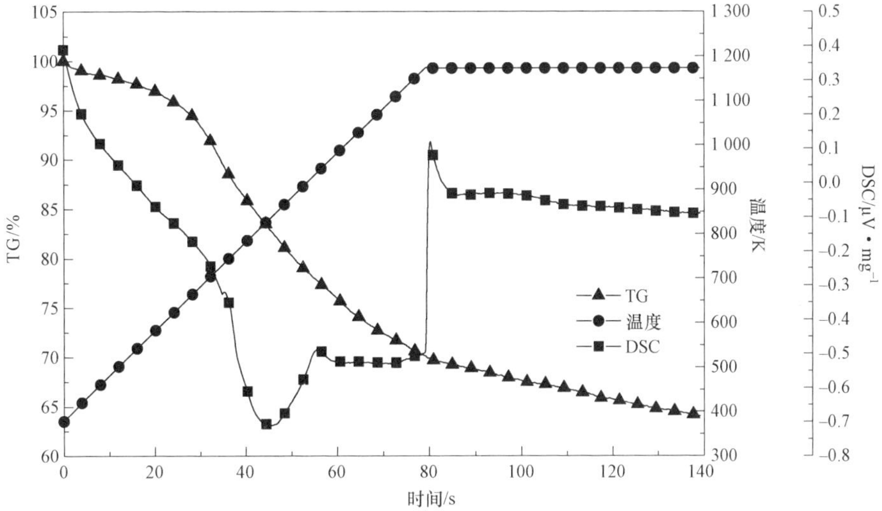

(a) TG、DSC

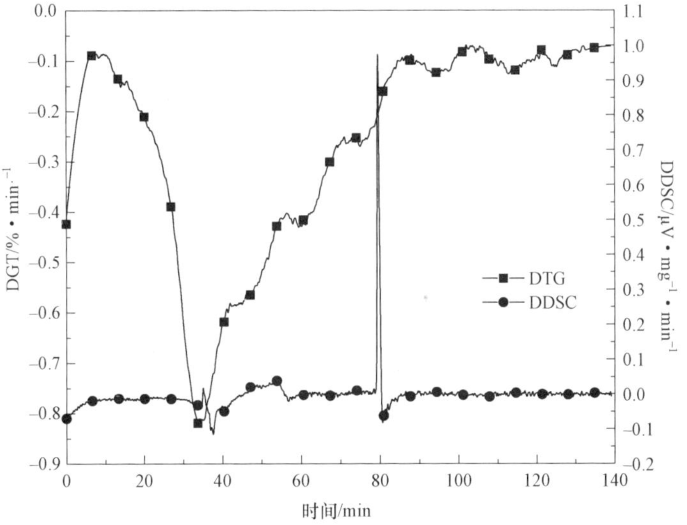

(b) DTG、DDSC

图 2-2　将军庙煤热解 TG、DSC、DTG、DDSC 图

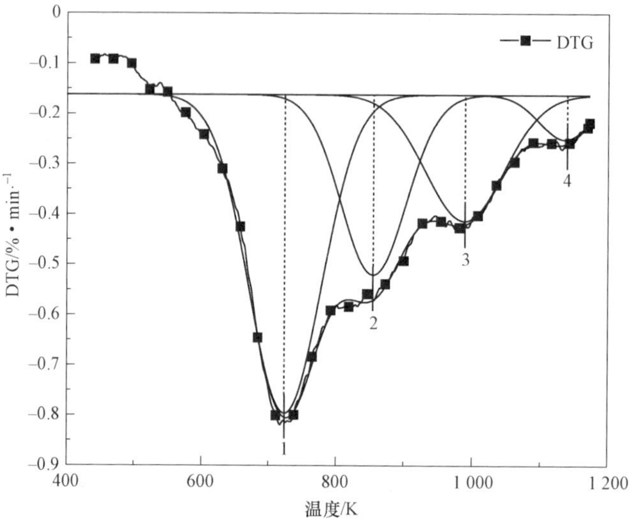

图 2-3　将军庙煤热解主要挥发分析出区间的分峰拟合

拟合峰 1 对应 DTG 最大峰值，其所对应的温度为 724 K，整个热解实验范围内，该温度失重速率最大。在拟合峰 1 的范围内，有机质的侧链、桥链、官能团等不稳定结构的共价键发生断裂，所形成的自由基重组后释放大量的挥发分气体（主要为烃类气体）和大分子焦油，并实现有机骨架结构的解聚，形成半焦[166–168]。拟合峰 2 峰值对应的温度为 855 K，在该峰范围内，主要进行同拟合峰 1 一致的轻质挥发分析出反应，同时在高温段还进行着与拟合峰 3、4 一致的二次脱气反应。拟合峰 3、4 峰值所对应的温度分别为 989 K 与 1 136 K，该阶段主要进行缩聚与二次裂解反应，产生 H_2、CH_4、CO、CO_2 等气体，同时半焦继续分解缩聚进行炭化反应而形成焦炭。在恒温阶段，将军庙煤的质量持续下降，截至恒温 30 min 的范围内，其质量下降幅度约为 6%，该阶段的 DTG 曲线有较小的峰值抖动，表明在恒温阶段仍在发生缩聚与二次裂解反应，但由于反应程度已较深，因此 DTG 峰值均较小。

DSC 及 DDSC 曲线用以表征热解反应的吸放热与吸放热速率的变化。

在热解反应开始阶段，DSC 曲线从约 0.4 μV/mg 开始下降，这是由于在该阶段水分析出，该过程为吸热过程。535 K 是 DSC 值正负的温度分界线，随着温度的升高，DSC 曲线在约 835 K 出现 DSC 持续下降的第一个峰值，该峰值表示热解反应在该阶段放热。该峰与图 2-3 中拟合峰 2 所对应温度较为接近，表明该放热是由于有机质不稳定共价键断裂造成轻质挥发分析出后形成了半焦，这一缩聚反应放热较多，从而在该阶段表现为放热。而在 941 K 出现了上升峰，表明该温度范围是吸热反应。该 DSC 峰与拟合峰 3 所对应的温度较为接近，表明该阶段的二次裂解为主要反应，从而使表观热量表现为吸热。而在 941～1 173 K 范围内，DSC 曲线再次下凹，但幅度较小。这是由于将军庙煤煤质较为年轻，大部分挥发分在轻质挥发分析出阶段析出，在二次裂解阶段析出较少，可进行炭化反应的反应物也较少，因此放热较少。该温度范围与拟合峰 4 所对应的温度范围较为接近。1 173 K 的吸热峰主要为还原性气氛下煤中的矿物质（如 $CaSO_4$、Fe_4N）分解而造成的[20]。而在 1 173 K 恒温过程中，DSC 曲线较为平缓地下降，表明该阶段仍在持续进行炭化反应，因而继续放出较低的热量。DDSC 曲线峰值代表了 DSC 曲线的拐点，其为放热峰与吸热峰的分界点。其中，最大放热峰的拐点温度为 757 K，该温度对应拟合峰 2 中的起始点，进一步表明挥发分析出后的缩聚炭化反应造成该阶段表现为放热。

2.4　热解反应与还原反应的耦合分析

为了探究 $CaSO_4$ 载氧体的还原反应特性，我们采用 10 K/min、20 K/min 与 40 K/min 的升温速率进行热重实验，并与将军庙煤单独的热解实验进行耦合，升温区间内的 TG、DTG 曲线如图 2-4 所示。

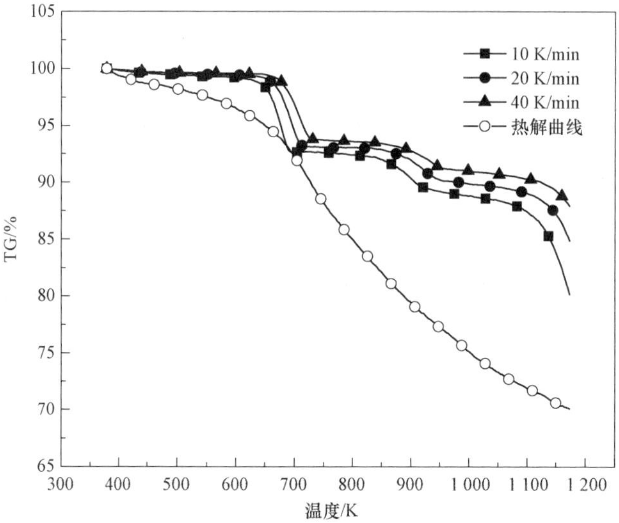

(a) TG

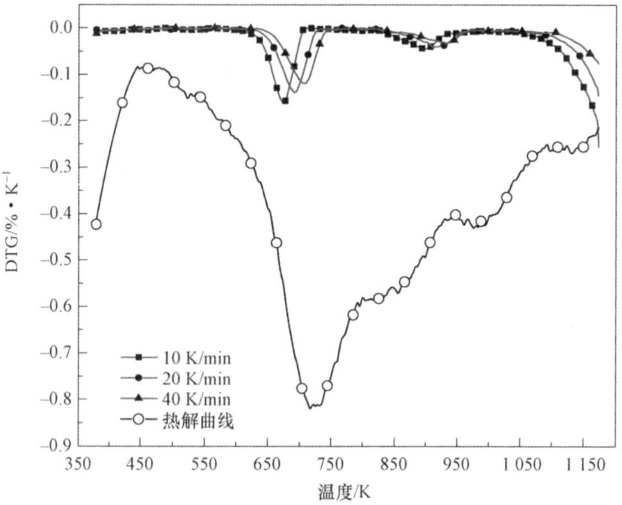

(b) DTG

图 2-4　不同升温速率下还原反应的 TG、DTG

在持续升温的 TG 曲线中，采用 10 K/min 的升温速率的还原反应 TG、DTG 曲线与热解反应 TG、DTG 曲线进行对比发现，在还原反应中，失重呈现阶梯式变化。除去水分变化引起的失重外，该曲线共有三个平衡段与三个明显的失重温度，DTG 曲线的变化对应了平衡段与失重点。相较于图 2-3 中热解反应 DTG 曲线的多个热解峰的叠加，还原反应的 DTG 曲线的峰值较为分散。在 378～600 K 温度区间内，还原反应样品的质量变化很小，而该阶段的热解反应主要发生少量水分析出与被吸附的少量气体释放过程。该变化表明被吸附的气体从煤中释放后，被 $CaSO_4/CaO$ 载氧体吸附从而减少了质量下降。在 600～710 K 范围内为还原反应 DTG 曲线的第一个失重峰，这对应了图 2-3 中热解反应 DTG 的拟合峰 1，但还原反应的峰值所对应的温度有所提前。由于在前人实验中，Ca 类矿物质的加入不会引起失重峰的提前[19]，因此峰值提前的原因为释放的挥发分部分被 $CaSO_4$ 载氧体吸附，导致因挥发分析出的失重提前结束。由于 $CaSO_4$ 反应活性较低，在 600～710 K 范围内反应速率非常慢，因此可以认为该部分的失重原因为将军庙煤热解后析出挥发分，而 $CaSO_4$ 的吸附能力较弱，不足以将全部析出的挥发分吸附于载氧体上，$CaSO_4$ 载氧体吸附饱和后，多余的气体挥发导致了该阶段的失重。在图 2-5 中 600～710 K 范围内较大的吸热峰印证了该观点，且表明该阶段挥发分的析出需要吸收较多的热量。

快速失重阶段结束后，还原反应进入较为平缓的失重阶段，其所对应的温度为 710～820 K。在该阶段中，失重速率逐步加快，而该温度段所对应的热解反应仍为挥发分析出阶段，但其析出速率逐步降低。由此可知，载氧体所吸附的气体量逐步减少，而随温度上升吸附能力减弱是物理吸附的特征，因此可推断 $CaSO_4$ 载氧体对热解气的吸附为物理吸附。在 820～1 000 K 的温度范围内，出现了第二个质量快速下降阶段，该阶段主要是被吸附的热解气继续解吸，同时部分可燃挥发分氧化为 CO_2。图 2-6（a）

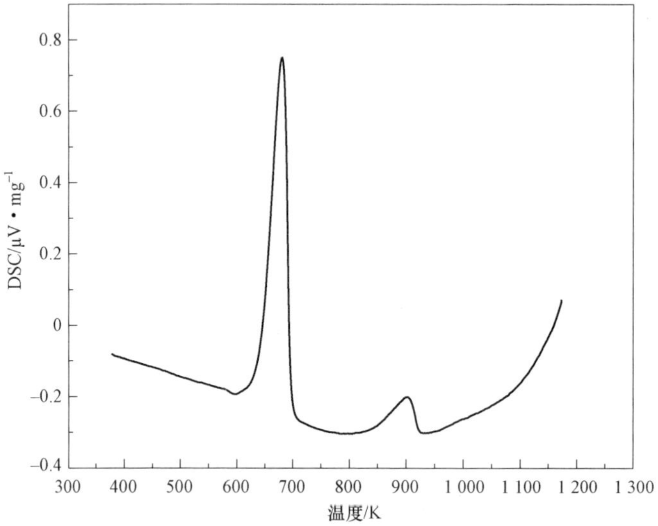

图 2-5 升温速率 10 K/min 下还原反应的 DSC 曲线

中 CO_2 的 MS 图在 800～1 000 K 范围内有明显的析出峰，进一步证明了该部分的质量下降是部分被吸附的可燃热解气被氧化为 CO_2 的气体而释放。根据该阶段的 DSC 曲线，可以判断该阶段的反应整体表现为吸热。在 1 000 K 之后，还原反应中样品的质量逐步下降，且失重速率逐渐增大，而此时热解反应的速率逐步降低。此时还原反应主要为，在中低温段不易与 $CaSO_4$ 载氧体进行反应的被吸附气体，在 1 173 K 左右的高温下反应成 CO_2 等气体，同时从载氧体表面脱附，从而造成了质量下降。由图 2-5 可知，该温度段 CO_2 的 MS 曲线离子强度迅速上升，进一步证明了该结论。同时，该阶段仍在进行着较为轻微的 $CaSO_4$ 分解副反应，图 2-6（b）中 SO_2 的 MS 曲线离子流强度在该温度段迅速上升说明了该副反应的发生，但其整体强度较小，表明该阶段的硫损失较小，这主要是 CaO 的固硫作用。该温度段还原反应的 DSC 曲线值升高，有出现峰值的趋势，表明该阶段为吸热反应。

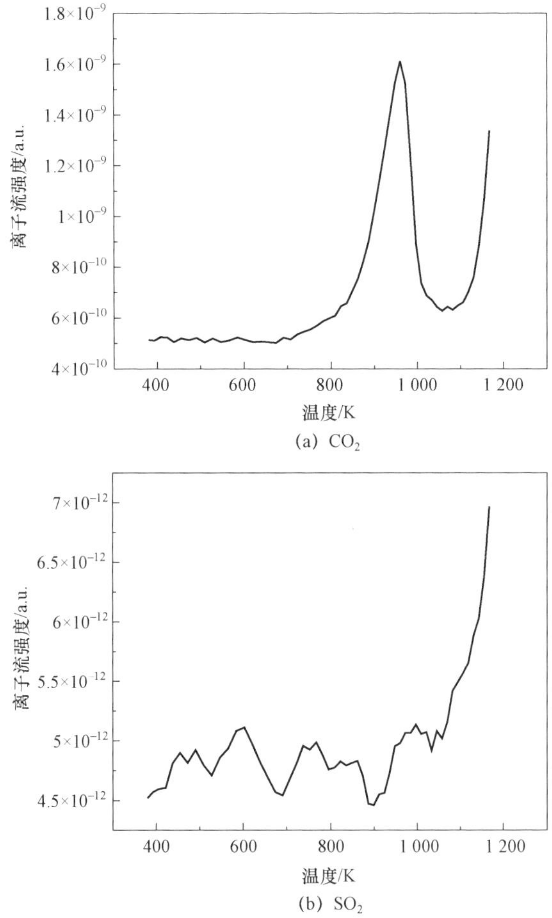

图 2-6　还原反应的 MS 数据

通过热解反应与还原反应的耦合分析，可知还原反应中，$CaSO_4/CaO$ 载氧体的加入催化了热解反应的进行，且载氧体具有一定的吸附能力，使还原反应中热解产生的热解气部分固定于载氧体表面。由于载氧体的反应活性较低，在低温下反应缓慢，当温度分别升至 820 K 与 1 050 K 附近时，被吸附的气体根据反应活性依次被载氧体氧化，并从载氧体表面脱附。但由于载氧体的吸附能力较差，部分热解气在 600～710 K 较低温度范围内没有被吸附，造成了该部分气体没有参与表面反应。随着温度升高，虽然热解反应仍在进行，但速率持续降低，而还原反应中部分被吸附的气体在持续析出，且析出速率加快，表明 $CaSO_4$ 载氧体对热解气的吸附应该为物理吸附。二者的耦合分析进一步揭示了较弱的吸附能力可能是限制 $CaSO_4$ 载氧体反应活性的原因之一，因此增加 $CaSO_4$ 载氧体的吸附能力是未来钙基载氧体优化的方法之一。

随着升温速率的加快，反应中的热迟滞现象愈发明显。从图 2-4（b）的 DTG 曲线中可以看出，当升温速率从 10 K/min 经 20 K/min 增至 40 K/min 时，第一个明显失重峰（挥发分析出峰）峰值所对应温度分别为 674 K、691 K 与 709 K，并且由于升温速率越高，在相同温度段内的反应时间越短，因此在该失重范围内的 40 K/min 升温速率下的最大析出速率最小。在 895 K 附近与 1 173 K 附近的失重峰也遵从该规律。该热迟滞现象可以被用来进行无模型动力学拟合，以此对还原反应过程进行进一步分析。

2.5 还原反应的动力学分析

2.5.1 动力学分析方法

对于整个还原反应而言，总包反应的反应速率可用下式描述：

$$\frac{\mathrm{d}\alpha}{\mathrm{d}t}=k(T)f(\alpha) \tag{2.1}$$

式中，t 为反应时间；k（T）为通过 Arrhenius 公式所求的反应速率常数；T 为反应温度；f（α）为不同 α 下的反应机理函数值；α 为反应的转化率，其通过下式进行求取：

$$\alpha=\frac{W_0-W_t}{W_0-W_\infty} \tag{2.2}$$

式中，W_0 与 W_∞ 分别为反应开始与恒温段结束后的样品质量；W_t 为 t 时刻的样品质量。式（2.1）可以被改写为下式：

$$\frac{d\alpha}{dT}=\left(\frac{A}{\beta}\right)\exp\left(-\frac{E}{RT}\right)f(\alpha) \tag{2.3}$$

式中，E 为反应的表观活化能；R 为理想气体常数，其值为 8.314 J/（mol・K）；β 为线性升温速率，该值为常数，其定义式为：

$$\beta=\frac{dT}{dt} \tag{2.4}$$

对式（2.3）等号两边进行积分后可得：

$$\int_0^\alpha \frac{d\alpha}{f(\alpha)}=G(\alpha)=\left(\frac{A}{\beta}\right)\int_{T_0}^T \exp\left(-\frac{E}{RT}\right)dT=\left(\frac{A}{\beta}\right)p(x) \tag{2.5}$$

在该式中，p（x）为温度积分，但其解析解不易获得，而通过不同的经验插值获得的近似解也可满足实际需求。

Flynn-Wall-Ozawa（FWO）法[169,170]使用 Doyle 近似[171]，其温度积分为：

$$\int_{T_0}^T \exp\left(-\frac{E}{RT}\right)dT=\frac{E}{R}(0.004\,84\exp(-1.051\,6u)) \tag{2.6}$$

将该温度积分带入式（2.5）后，并在等号两边求取对数后可得 FWO 等转化率法的求解公式：

$$\ln\beta=\ln\left[\frac{AE}{RG(\alpha)}\right]-5.330\,8-1.051\,6\frac{E}{RT}=C_O-1.051\,6\frac{E}{RT} \tag{2.7}$$

由于相同转化率下机理函数的积分 G（α）为定值，因此该公式在相同转化率下，β_i 与 1/T 线性相关，通过斜率可以求解活化能。由于 Kissinger-Akahira-Sunose（KAS）法[172]的表达式与 FWO 法有相似之处：

$$\ln\left(\frac{\beta}{T^2}\right)=\ln\left[\frac{AR}{E_\alpha G(\alpha)}\right]-\frac{E}{RT}=C_k-\frac{E}{RT} \tag{2.8}$$

Starink 法[173]将 FWO 法与 KAS 法用通式表示：

$$\ln\left(\frac{\beta}{T^S}\right)=C_s-\frac{BE}{RT} \tag{2.9}$$

该通式中 S 与 B 的值在 FWO 与 KAS 法中分别对应 0、1.051 6 与 2、1。Starink 法将该通式进行了进一步的分析后，表明将 S 与 B 的值为 1.8 与 1.003 7 时，其表观活化能 E 的值较为准确。

Popescu 法[174]在确定机理函数 $f(\alpha)$ 时不会引入温度积分的任何近似，因此较为准确地确定机理函数的形式。由于其采用的是相同温度 T 下不同的转化率 α 来进行动力学分析，因此其也被称为变异的 FWO 法（varient FWO method）。其函数形式为：

$$G(\alpha)_{mn}=\frac{1}{\beta}I(T)_{mn}=\frac{A}{\beta}H(T)_{mn} \tag{2.10}$$

式中的 $I(T)_{mn}$ 与 $H(T)_{mn}$ 可用下式描述：

$$I(T)_{mn}=\int_{T_m}^{T_n}k(T)\mathrm{d}T \tag{2.11}$$

$$H(T)_{mn}=(T_m-T_n)e^{-E/RT_\xi} \tag{2.12}$$

$$T_\xi=\frac{T_m+T_n}{2} \tag{2.13}$$

式中，T_m 与 T_n 为升温区间内所选取的两个温度。由于 $G(\alpha)_{mn}-\frac{1}{\beta}$ 关系为通过坐标原点的直线，若实验数据和所选取的机理函数满足此关系，则该机理函数可以反映化学过程。该方法采用如下公式进行拟合以求取表观活化能与指前因子：

$$\ln\left[\frac{\beta}{T_m-T_n}\right]=\ln\left[\frac{A}{G(\alpha)_{mn}}\right]-\frac{E}{RT_\xi} \tag{2.14}$$

本节主要使用 FWO 法、Starink 法与 Popescu 法对还原反应进行动力学分析，进一步确定还原反应在不同温度、不同转化率的反应机理。

2.5.2 动力学分析结果

根据热重实验结果与式（2.2），还原反应在 10 K/min、20 K/min 与 40 K/min 的升温段转化率曲线如图 2-7 所示。由于热迟滞现象，升温速率较快的曲线转化率明显低于较慢的曲线，在达到升温区间的终点时，10 K/min 的曲线转化率可以达到接近 0.6 的程度，而 40 K/min 的曲线转化率仅略高于 0.35。由于 FWO 法与 Starink 法均使用相同转化率下的温度进行线性求解，同时考虑到不同升温速率下的最低转化率，因此在动力学分析中选取了转化率为 0.05～0.35 的范围，相邻转化率的步长为 0.05。由于在转化率为 0.2 时，40 K/min 的曲线变化较小，曲线的抖动易产生误差。为了减少该部分的误差，使用转化率为 0.18 的数据点取代转化率为 0.2 的数据点。

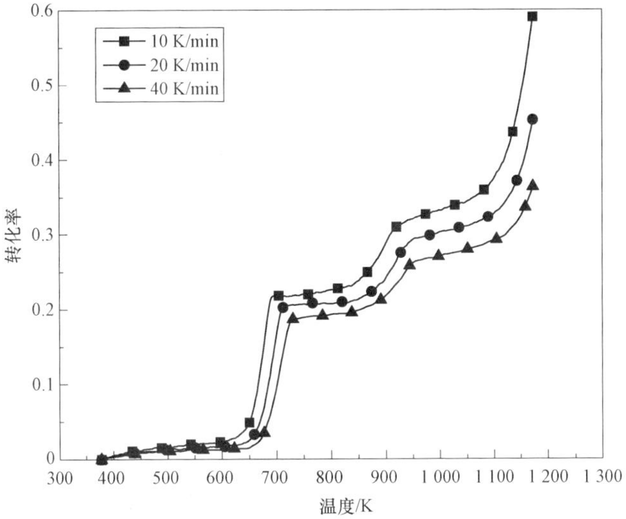

图 2-7　不同升温速率的转化率曲线

采用 FWO 法、Starink 法进行的动力学回归曲线如图 2-8 所示，对每个转化率下的曲线使用最小二乘法进行拟合后，所得到的表观活化能值见表 2-2。两种方法所求得的表观活化能的平均值相近，同时由于二者均可用来检验表观活化能的正确性，因此可确定该两种方法所求表观活化能正确性，即 $CaSO_4$ 载氧体与将军庙煤的还原反应在 378～1 173 K 升温阶段的表观活化能平均值为 118.63～124.96 kJ/mol。其表观活化能随着转化程度的加深先增加后减少再增加，表观活化能较高的值对应 DTG 曲线

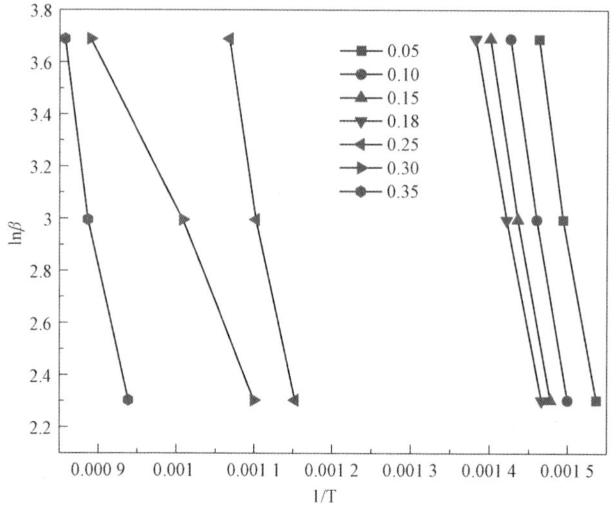

(a) FWO法

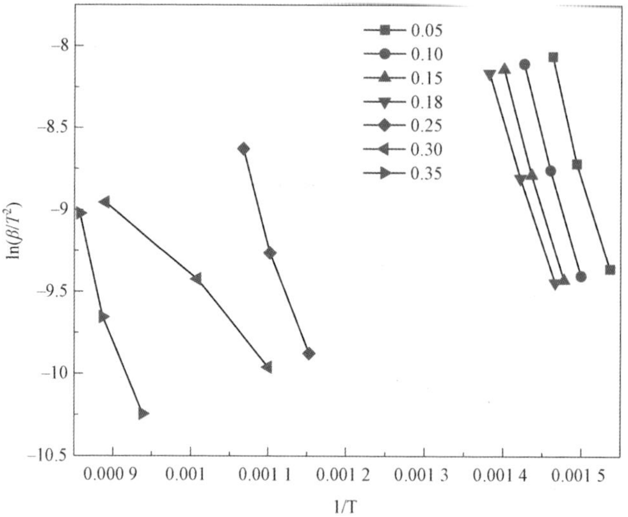

(b) Starink法

图 2-8　10、20、40 K/min 升温速率下 FWO 法、Starink 法得到的表观活化能回归线

的第一个失重峰，表明该阶段反应的进行需要克服较大的活化能，因此该阶段主要进行的是将军庙煤热解的挥发分析出过程；表观活化能较低的值对应 DTG 曲线第二个失重峰，表明该阶段的反应较为容易，因此该阶段被载氧体表面吸附的挥发分易于进行表面反应。

表 2-2　FWO 法、Starink 法所求得的表观活化能

转化率	FWO 法		Starink 法	
	ΔE/kJ • mol^{-1}	r^2	ΔE/kJ • mol^{-1}	r^2
0.05	146.15	0.984 3	143.18	0.982 2
0.10	148.13	0.995 8	145.01	0.995 3
0.15	140.89	0.995 4	137.26	0.994 9
0.18	129.16	0.997 9	124.85	0.997 6
0.25	127.10	0.977 8	119.74	0.973 2
0.30	51.92	0.989 6	39.32	0.975 4
0.35	131.36	0.948 3	121.04	0.934 8
平均值	124.96	—	118.63	—

使用 Popescu 法套用 41 种机理函数对式 2.10 进行正比例函数拟合，并对升温段内主要的失重区间进行动力学分析。在 675 K 左右的失重阶段内，得到的 9 个拟合度较好的机理函数见表 2-3。其拟合度平均值最高的机理函数为 $n = 2/3$ 的 Avrami-Erofeev 方程，即表明 675 K 左右的失重曲线符合 Avrami-Erofeev 动力学模型，该模型为随机成核与随后生长模型。

表 2-3　675 K 失重阶段机理函数适用性

函数名称	$f(\alpha)$	r^2		
		$T_m = 600$ K $T_n = 625$ K	$T_m = 625$ K $T_n = 650$ K	$T_m = 650$ K $T_n = 675$ K
Avrami-Erofeev 方程 $n = 2/3$	$\frac{3}{2}(1-\alpha)[-\ln(1-\alpha)]^{\frac{1}{3}}$	0.973 6	0.951 4	0.999 7
Avrami-Erofeev 方程 $n = 1/2$，$m = 2$	$2(1-\alpha)[-\ln(1-\alpha)]^{\frac{1}{2}}$	0.959 0	0.963 2	0.989 9
Avrami-Erofeev 方程 $n = 3/4$	$\frac{3}{4}(1-\alpha)[-\ln(1-\alpha)]^{\frac{1}{4}}$	0.978 8	0.944 7	0.998 9
Jander 方程三维扩散 $n = 1/2$	$6(1-\alpha)^{\frac{2}{3}}\left[1-(1-\alpha)^{\frac{1}{3}}\right]^{\frac{1}{2}}$	0.958 5	0.963 6	0.988 2

续表

函数名称	$f(\alpha)$	r^2		
		$T_m=600$ K $T_n=625$ K	$T_m=625$ K $T_n=650$ K	$T_m=650$ K $T_n=675$ K
反应级数 $n=3$	$\frac{1}{3}(1-\alpha)^{-2}$	0.986 3	0.930 7	0.996 4
反应级数 $n=4$	$\frac{1}{4}(1-\alpha)^{-3}$	0.985 9	0.933 3	0.999 0
反应级数 $n=2$	$\frac{1}{2}(1-\alpha)^{-1}$	0.986 6	0.928 0	0.992 6
Mampel Power 法则 $n=1/2$	$2\alpha^{\frac{1}{2}}$	0.957 5	0.964 5	0.984 4
Mampel Power 法则 $n=3/2$	$\frac{2}{3}\alpha^{-\frac{1}{2}}$	0.979 2	0.878 2	0.920 9

在 895 K 左右的失重阶段内，得到的 9 个拟合度较好的机理函数见表 2-4，其拟合度平均值最高的机理函数为 Z-L-T 方程，即表明 895 K 左右的失重曲线符合 Z-L-T 动力学模型。

表 2-4　895 K 失重阶段机理函数适用性

函数名称	$f(\alpha)$	r^2		
		$T_m=600$ K $T_n=625$ K	$T_m=625$ K $T_n=650$ K	$T_m=650$ K $T_n=675$ K
Z-L-T 方程	$\frac{3}{2}(1-\alpha)^{\frac{4}{3}}\left[(1-\alpha)^{-\frac{1}{3}}-1\right]^{-1}$	0.973 8	0.998 3	0.994 8
Avrami-Erofeev 方程 $n=3$	$\frac{1}{3}(1-\alpha)[-\ln(1-\alpha)]^{-2}$	0.983 0	0.990 6	0.982 3
Avrami-Erofeev 方程 $n=3/2$	$\frac{2}{3}(1-\alpha)[-\ln(1-\alpha)]^{-\frac{1}{2}}$	0.959 6	0.997 2	0.993 2
Avrami-Erofeev 方程 $n=2$	$\frac{1}{2}(1-\alpha)[-\ln(1-\alpha)]^{-1}$	0.971 6	0.998 6	0.995 4
反 Jander 方程	$\frac{3}{2}(1+\alpha)^{\frac{2}{3}}\left[(1+\alpha)^{\frac{1}{3}}-1\right]^{-1}$	0.959 3	0.996 9	0.992 2

续表

函数名称	$f(\alpha)$	r^2		
		$T_m=600$ K $T_n=625$ K	$T_m=625$ K $T_n=650$ K	$T_m=650$ K $T_n=675$ K
G-B 方程	$\frac{3}{2}\left[(1-\alpha)^{-\frac{1}{3}}-1\right]^{-1}$	0.967 4	0.998 5	0.995 4
Jander 方程二维扩散 $n=2$	$(1-\alpha)^{\frac{1}{2}}\left[1-(1-\alpha)^{\frac{1}{2}}\right]^{-1}$	0.967 8	0.998 6	0.995 4
Jander 方程三维扩散 $n=2$	$6(1-\alpha)^{\frac{2}{3}}\left[1-(1-\alpha)^{\frac{1}{3}}\right]^{-1}$	0.969 2	0.998 6	0.995 6
Mampel Power 法则 $n=2$	$\frac{1}{2}\alpha^{-1}$	0.963 6	0.998 0	0.994 2

在 1 173 K 左右的失重阶段内拟合度较好的 9 个机理函数见表 2-5，该阶段的失重曲线符合 $n=2$ 的 Mampel Power 法则，即其符合 Mampel Power 动力学模型。

表 2-5　1 173 K 失重阶段机理函数适用性

函数名称	$f(\alpha)$	r^2		
		$T_m=600$ K $T_n=625$ K	$T_m=625$ K $T_n=650$ K	$T_m=650$ K $T_n=675$ K
Mampel Power 法则 $n=2$	$\frac{1}{2}\alpha^{-1}$	0.993 6	0.994 4	0.999 8
反 Jander 方程	$\frac{3}{2}(1+\alpha)^{\frac{2}{3}}\left[(1+\alpha)^{\frac{1}{3}}-1\right]^{-1}$	0.990 4	0.998	0.998 4
Jander 方程二维扩散 $n=2$	$(1-\alpha)^{\frac{1}{2}}\left[1-(1-\alpha)^{\frac{1}{2}}\right]^{-1}$	0.996 2	0.985 3	0.989 7
Z-L-T 方程	$\frac{3}{2}(1-\alpha)^{\frac{4}{3}}\left[(1-\alpha)^{-\frac{1}{3}}-1\right]^{-1}$	0.996 4	0.961 9	0.946 1
G-B 方程	$\frac{3}{2}\left[(1-\alpha)^{-\frac{1}{3}}-1\right]^{-1}$	0.996 0	0.986 6	0.991 8
Avrami-Erofeev 方程 $n=3/4$	$\frac{3}{4}(1-\alpha)[-\ln(1-\alpha)]^{\frac{1}{4}}$	0.978 4	0.999 5	0.995 5

续表

函数名称	$f(\alpha)$	r^2		
		$T_m=600$ K $T_n=625$ K	$T_m=625$ K $T_n=650$ K	$T_m=650$ K $T_n=675$ K
Mampel 单行法则	$1-\alpha$	0.985 5	0.998 6	0.999 9
Avrami-Erofeev 方程 $n=3/2$	$\frac{2}{3}(1-\alpha)[-\ln(1-\alpha)]^{-\frac{1}{2}}$	0.994 4	0.998 6	0.999 9
Avrami-Erofeev 方程 $n=2$	$\frac{1}{2}(1-\alpha)[-\ln(1-\alpha)]^{-1}$	0.996 8	0.972 3	0.966 5

根据所求得的机理函数，采用式（2.14）进行表观活化能与指前因子的拟合，其拟合关系如图 2-9 所示，拟合结果见表 2-6。在 0.05～0.15 与 0.18～0.25 转化率范围内，拟合所得的活化能值与 FWO、Starink 法相近，表明 Popescu 法对该两个阶段的拟合较为准确，因此由此拟合的指前因子较为可信。Popescu 法在转化率为 0.30～0.35 的范围内拟合度偏低，且表观活化能的值相较于 FWO 法与 Starink 法误差较大，这主要是由于：在数学方面，该部分的曲线在 1 173 K 没有到达失重速率的峰值，

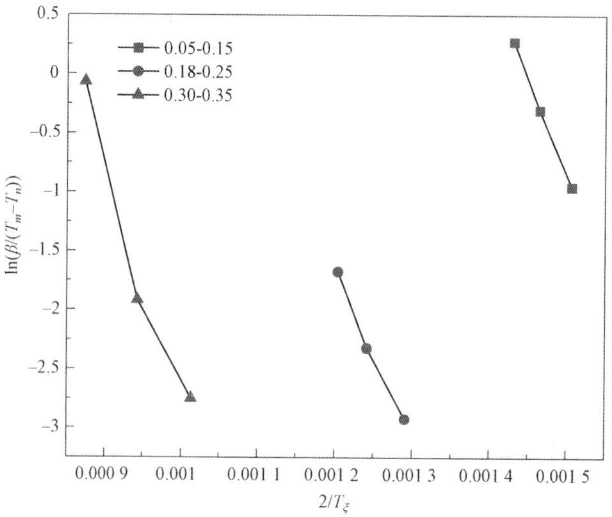

图 2-9　10 K/min、20 K/min、40 K/min 升温速率下 Pepescu 法得到的回归线

其数据点不足导致误差较大；在反应机理方面，该部分由少量挥发分析出、缩聚反应、气固还原反应、固固还原反应、$CaSO_4$ 载氧体热分解五类反应组成，因此其反应机理非常复杂，对其进行完美的数学描述较为困难。

表 2-6　Popescu 法所求得的表观活化能

对应失重峰温度	转化率区间	ΔE/kJ • mol^{-1}	A	r^2
675 K	0.05～0.15	134.04	7.85×10^8	0.997 9
895 K	0.18～0.25	119.18	3.08×10^4	0.979 8
1 173 K	0.30～0.35	159.91	5.06×10^5	0.910 1

2.6　本章小结

在本章，我们采用热重分析方法，使用将军庙煤作为固体燃料，对将军庙煤的热解反应与将军庙煤-$CaSO_4$/CaO 的还原反应进行了耦合分析，并且对还原反应进行了非等温动力学分析。本章研究得到的主要结论有以下几点：

（1）热解反应的 DTG 最大失重峰出现于 724 K，该峰由四个温度的失重峰叠加而成，而在还原反应中 675 K 左右的 DTG 失重峰为挥发分析出过程，但由于析出的挥发分部分吸附于 $CaSO_4$/CaO 载氧体，导致该失重峰变得尖锐，且峰值提前出现，被吸附的气体随温度升高释放速率增大，表明 $CaSO_4$ 载氧体对热解气的吸附可能为物理吸附，增强 $CaSO_4$ 载氧体的吸附能力可以是提高其反应性能的手段之一。

（2）还原反应有 3 个主要的 TG 失重区间，其 DTG 失重峰所对应温度分别为 675 K、895 K 与 1 173 K，其分别对应轻质挥发分析出阶段、载氧体吸附的可燃热解气氧化阶段、活性较低的吸附热解气被氧化与 $CaSO_4$ 少量热分解阶段。

（3）采用 FWO 法与 Starink 法求取的还原反应平均表观活化能分别为 124.96 kJ/mol 与 118.63 kJ/mol，且还原反应第二个失重峰的表观活化能最低，表明被吸附后的气体易于进行表面反应。

（4）采用 Popescu 法求得还原反应三个失重阶段的机理函数分别遵循 Avrami-Erofeev 方程、Z-L-T 方程与 Mempel Power 法则。所获得的各反应阶段机理函数对于实际工程中燃料反应器内燃料转化率的确定具有较好的支撑作用。

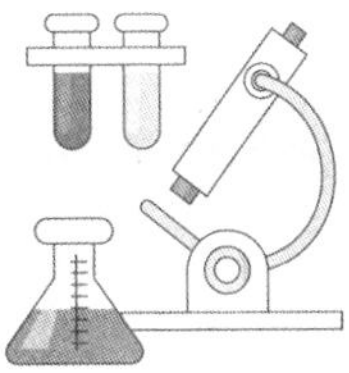

第 3 章

$CaSO_4$载氧体表面异相反应机理

3.1 本章引言

化学链燃烧过程中，燃料反应器为还原性气氛。固体燃料在燃料反应器中首先进行热解，导致挥发分析出。挥发分中的可燃性气体如 CO、H_2、CH_4、高碳碳氢化合物会与载氧体进行气固异相反应。由于在燃料反应器出口 CO 的含量很高，且几乎没有 CH_4 和 H_2[175]，同时高碳碳氢化合物在燃烧过程中会转化为 CO 进行反应[176]，因此，本研究选用 CO 作为典型气体燃料，用以研究气体燃料与 $CaSO_4$ 的气固异相反应机理。气固异相反应本质上是经过扩散后发生于固体、气体界面上的表面反应，其流程可归纳为：外扩散—内扩散—表面吸附—表面化学反应—表面脱附—内扩散—外扩散。其中，外扩散、内扩散过程被统称为扩散过程；吸附、反应、脱附过程被统称为动力学过程，也被称为反应过程。扩散过程研究将在后续章节进行，本章节主要针对动力学过程进行研究，从异相吸附、表面反应、动力学参数与反应平衡四个方面进行研究。

在本章，我们所使用的理论方法涉及密度泛函理论（density functional

theory，DFT）[177]、经典过渡态理论、化学反应平衡模拟。后两者均是基于密度泛函理论的结果所进行的后处理分析。密度泛函理论为量子化学研究的一种方法，其极大地降低了量子化学计算所需的成本。量子化学计算是使用量子力学理论求解化学问题的方法，其通过关于波函数的线性偏微分方程 Schrödinger 方程描述所计算体系。密度泛函理论使用电子密度取代波函数，电子波函数中有 3N 个变量（N 为电子数），而电子密度仅为三个变量的函数。其在保证精度的情况下，极大地降低了计算成本。

3.2 CO 在 $CaSO_4$（010）及还原表面异相吸附机理

在表面反应动力学过程中，异相吸附是表面发生化学反应的前置性步骤，其在一部分表面反应中为反应控制性步骤[178]。因此研究异相吸附对表面异相反应非常重要。

3.2.1 计算方法

CO 异相吸附于 $CaSO_4$（010）表面过程中的所有构型优化与能量计算均使用 Viennaabinitiosimulationpackage（VASP）[179,180]基于非限制性自旋密度泛函理论（DFT）进行。电子-离子相互作用采用投影缀加平面波方法（Projector-augmented wave function method，PAW）[181]进行描述。交换关联函数使用广义梯度近似理论（generalized gradient approximation，GGA）中的 PBE（Perdew-Burke-Ernzerhof）泛函[182]。同时充分考虑体系中的弱相互作用力，采用 BJ 阻尼（Becke-Johnson Damping）的 D3 方法[183,184]对 DFT 计算结果进行色散修正。此外，由于异相吸附是表面反应，因此使用 Monkhorst-Pack 方法生成 $4 \times 4 \times 1$ 的 k 点对布里渊区进行采样。在该体系下，平面波的截断能为 500 eV；电子优化收敛于 10^{-5} eV；结构优化的收敛标准为体系中最大原子受力低于 0.02 eV/Å。在该水平下，计算所得的 $CaSO_4$ 晶格参数与 CO 分子参数见表 3-1，其与文献中的实验值相差很小，证明该计算方法的可靠性。

表 3-1　计算所得参数与文献值的对比

物质	参数	计算值/Å	文献值/Å	相对误差
$CaSO_4$ 晶体	a	7.005	6.993[a]	0.17%
	b	6.996	6.995[a]	0.014%
	c	6.228	6.245[a]	0.27%
CO	C-O 键长	1.143	1.128[b]	1.33%

a—文献［185］；b—文献［186］。

此外，本研究使用波函数分析方法对该吸附体系进行深入研究。波函数使用 ORCA 软件[187]在 B3LYP-D3（BJ）/def2-TZVP 水平下产生，以保证产生高质量的波函数。使用 Multiwfn[188]进行波函数分析，并采用 VMD[189]、VESTA[190]与 GNU Plot 进行图片渲染。

3.2.2　$CaSO_4$（010）深度还原表面模型

$CaSO_4$（010）表面是 $CaSO_4$ 晶体中最稳定的表面，因此选取该表面为异相反应界面。采用式（3.1）计算该表面的表面能，其结果为 0.424 4 J/m^2，其与文献值 0.432 J/m^2 相差很小[191]，进一步表明文章计算方法的可靠性。

$$\gamma = \frac{1}{2A_s}(E_{surface} - nE_{bulk}) \tag{3.1}$$

式中，γ 为表面能，单位为 J/m^2；A_s 为所切割表面面积，单位为 m^2；$E_{surface}$ 为所切割表面的总能量，E_{bulk} 为晶体单胞能量，单位为 J；n 为所切割表面包含的单胞数量。

本章节使用 $CaSO_4$（010）表面作为反应的周期性表面模型，采用

2×1 的超晶胞，其包含 48 个原子。同时，在 z 方向增加 15 Å 的真空层消除周期性模型上层表面对吸附构型的影响。在构型优化中，固定下层 $CaSO_4$ 以反映其固体特性，上层 $CaSO_4$ 进行弛豫优化以反映其表面特征。为了模拟燃料反应器中连续性还原过程，采用不同氧含量的上层分子描述被还原的表面。通过逐层移除最上层的氧原子进行构型优化，得到不同还原阶段的表面，最外层表面的氧含量通过式（3.2）计算得到。

$$\chi = \frac{n_{reduced}}{n_{origin}} \tag{3.2}$$

式中，n_{origin} 为原始 $CaSO_4$ 表面最外层的氧原子数；$n_{reduced}$ 为被还原表面最外层的氧原子数。通过计算，原始表面与移除最外层氧原子后表面的氧含量分别为 100%、75%、50%、25%。由于在 75%氧含量时有两个氧原子在同一 z 轴高度上，因此在 1×1 表面采用了两种不同的移除方式，产生两种不同的 50%氧含量表面，本章节将其分别命名为 50%_1 与 50%_2。优化后的原始表面与被还原表面的构型如图 3-1（b）—图 3-1（f）所示，其中 C 原子在图中标出，深色原子为 O 原子，浅色原子为 S 原子，中灰色原子为 Ca 原子。

3.2.3 不同还原程度的 $CaSO_4$ 吸附构型及能量

通过计算各个阶段不同吸附位点的 CO 吸附构型，所得的最稳定的吸附构型如图 3-2 所示。

在原始 $CaSO_4$（010）表面吸附阶段，CO 以 C 朝下的方式吸附于表面的 Ca 顶端，Ca 与 C 的距离为 2.771 Å；表层氧原子含量为 75%的阶段，CO 以 C 朝下的方式吸附于表面的 Ca 顶端，C-Ca 之间的距离为 2.716 Å。在表面氧含量为 50%阶段，吸附基底的能量分别为−250.87 eV、−250.84 eV，由此可知 50%_1 形式的表面更为稳定，而 50%_2 的表面性质更为活跃。在吸附构型优化后，在两个吸附基底中，CO 仍以 C 朝下的方式吸附于 Ca 顶端，C-Ca 距离分别为 2.624 Å、2.599 Å。该距离均小于氧含量为

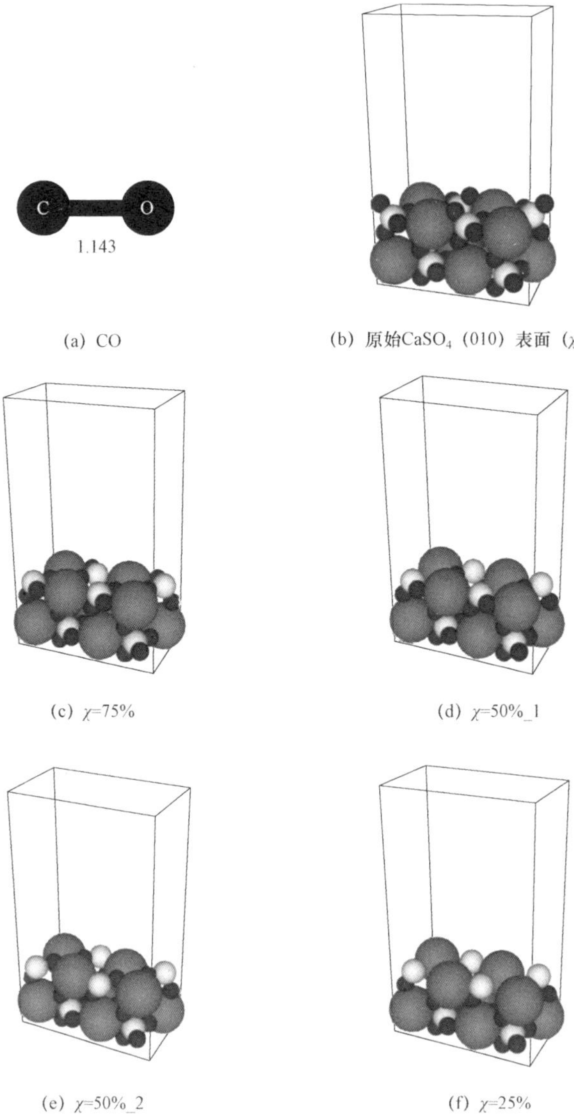

(a) CO　　(b) 原始 $CaSO_4$ (010) 表面 (χ=100%)

(c) χ=75%　　(d) χ=50%_1

(e) χ=50%_2　　(f) χ=25%

图 3.1　优化后的 CO、$CaSO_4$ 原始表面与被还原表面构型

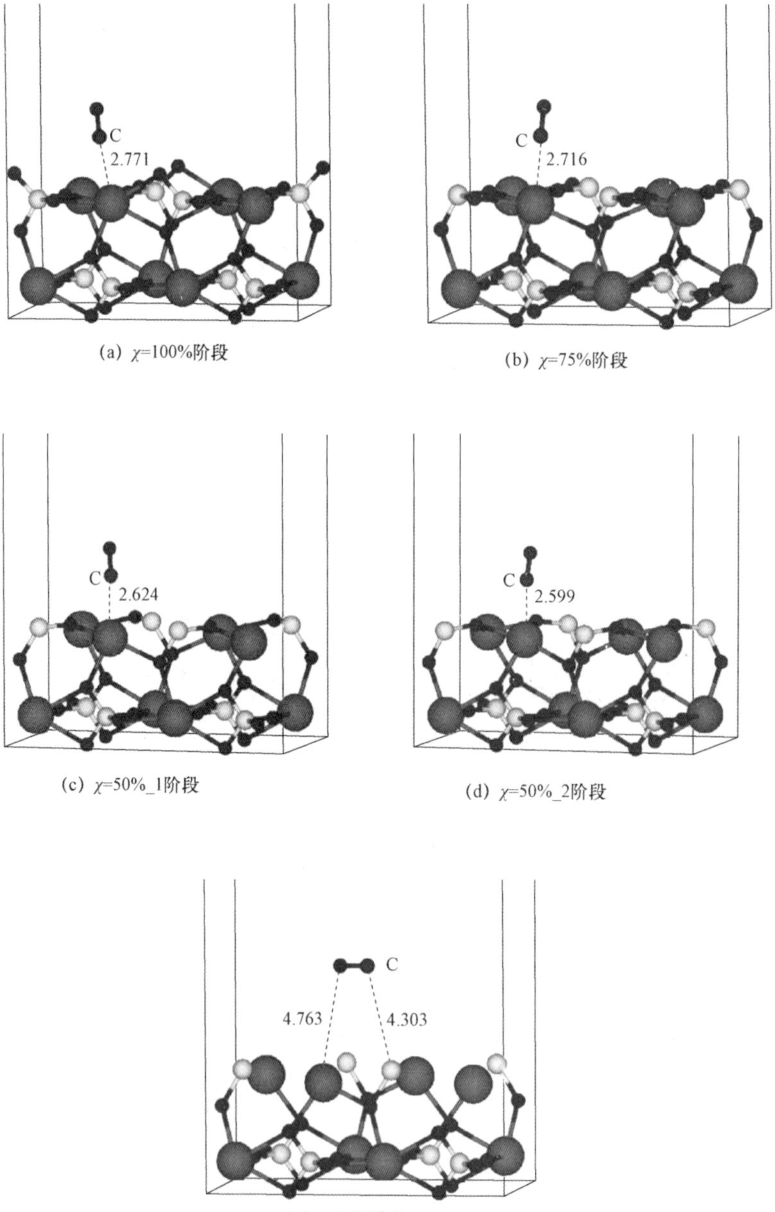

(a) χ=100%阶段

(b) χ=75%阶段

(c) χ=50%_1阶段

(d) χ=50%_2阶段

(e) χ=25%阶段

图 3-2　不同还原阶段最稳定吸附构型

100%和 75%的阶段，其表明 CO 在外层氧含量为 50%的阶段吸附更为紧密。而 CO 在 50%_2 表面吸附中的 C-Ca 距离小于 50%_1 表面，表明 CO 在 50%_2 表面更易吸附。此结论与上述 50%_2 表面更为活跃的结果保持一致。在 $CaSO_4$ 表面外层氧含量为 25%的阶段中，CO 平行吸附于 S-Ca 的顶端，C-S 与 O-Ca 的距离分别为 4.303 Å、4.763 Å。该距离较远，表明 CO 在 $CaSO_4$ 表面外层氧含量为 25%阶段很难吸附。

为了进一步探究 $CaSO_4$ 载氧体在各阶段的吸附能力，采用式（3.3）计算各阶段吸附构型的吸附能 E_{ad}：

$$E_{ad} = E_{CO+surface} - E_{CO} - E_{surface} \tag{3.3}$$

式中，$E_{CO+surface}$ 为吸附构型的总能量，eV；E_{CO} 和 $E_{surface}$ 为孤立态时 CO 分子与表面的能量。如果吸附能 E_{ad} 为正，则表明该吸附过程为吸热反应；如果吸附能 E_{ad} 为负，则表明该吸附为放热反应，且该吸附易于发生。

四个阶段计算所得的吸附能见表 3-2，其中 $CaSO_4$（010）表面外层的氧含量为 50%时吸附能最低，表明 CO 易于在氧含量为 50%的表面吸附，且更易吸附在 50%_2 形式的表面。吸附能的变化与 CO-载氧体距离的变化规律一致。在外层氧含量为 25%的阶段，吸附所释放的能量最小，吸附能仅为 −6.80 kJ/mol，表明其很难吸附于载氧体表面。文献实验结果表明，在 CaSO4 载氧体还原反应的末期反应速率严重下降[110,111]。本研究的计算结果与文献实验结果保持一致，表明实验末期反应速率的下降是由于吸附能力严重下降所造成的。此外，由于在氧含量 100%～50%阶段内吸附能均在 −40 kJ/mol 左右，因此仅通过吸附能经验值判断该吸附过程的形式不准确，其吸附形式的判断需要依据进一步的分析。而在氧含量为 25%的阶段由于吸附放热很小，因此可以认定其为物理吸附。

表 3-2　$CaSO_4$（010）表面各阶段的吸附能

吸附阶段	总能量/eV	表面能量/eV	CO 能量/eV	吸附能/eV	吸附能/（kJ/mol）
$\chi=100\%$	−330.70	−315.57	−14.79	−0.34	−32.82
$\chi=75\%$	−300.26	−285.14		−0.33	−31.94
$\chi=50\%$_1	−266.08	−250.87		−0.42	−40.45
$\chi=50\%$_2	−266.09	−250.84		−0.46	−44.25
$\chi=25\%$	−234.06	−219.20		−0.07	−6.80

相较于其他载氧体，$CaSO_4$ 载氧体在吸附阶段的放热较小，因此进一步说明较弱的吸附是其反应速率较低的原因之一。同时，其在 100%～50% 阶段的放热接近于 NiO[192]，此结果也与热力学角度上分析得到的 $CaSO_4$ 载氧体与 NiO 载氧体性能相近的结果相一致。

3.2.4　能量分解分析

为了深入研究 CO 在 $CaSO_4$（010）表面的吸附形式，对 CO 与载氧体表面各阶段的吸附能进行进一步能量分解分析（energy decomposition analysis，EDA）。吸附能可分为形变能、CO 与载氧体两个片段之间相互作用能。形变能 ΔE_{deform} 为片段吸附前后能量的差值。片段之间的相互作用可以分为如下 4 种形式：静电作用 ΔE_{elstat}、交换关联作用（包含 PAW 重复计数校正）$\Delta E_{exch+PAW,corr}$、剩余重复计数校正 $\Delta E_{corr,rest}$ 和 London 色散作用 $\Delta E_{dispersion}$。能量分解的结果见表 3-3，各个阶段之间能量分解的对比结果如图 3-3 所示。

表 3-3　不同吸附阶段的能量分解（单位：kJ/mol）

吸附阶段	ΔE_{deform}	ΔE_{elstat}	$\Delta E_{exch+PAW,corr}$	$\Delta E_{corr,rest}$	$\Delta E_{dispersion}$
$\chi=100\%$	0.90	−28.50	−6.93	15.14	−15.00
$\chi=75\%$	0.24	−25.86	−9.53	15.60	−14.55
$\chi=50\%$_1	1.17	−35.81	−14.08	20.21	−15.18
$\chi=50\%$_2	1.50	−43.65	−13.52	23.83	−17.25
$\chi=25\%$	0.15	−2.83	−0.01	0.27	−2.70

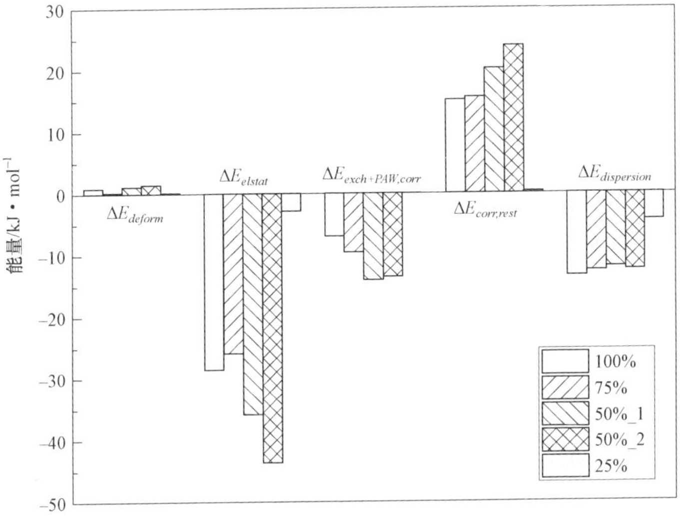

图 3-3　不同还原阶段能量分解对比

根据能量分解的结果，在 $CaSO_4$（010）表面外层氧含量为 100%～50%的阶段中，静电作用是影响吸附的主要因素。带有重复计数校正的交换关联作用对吸附也有积极的影响，但其所贡献的能量要低于静电作用。London 色散作用对吸附的贡献程度略高于交换关联作用，其表明在该吸附体系中，色散作用所引起的弱相互作用不可忽略。此外，除在计算交换关联作用时所考虑的重复计数校正外，其余的重复计数校正能均为正值，表现为排斥作用，其对吸附进程产生不利影响。相对于孤立态的 CO 与表面，由吸附所引起的形变较小，形变能表现为正值，但其在整体能量中的所占比例很小，因此，在未来的计算中若考虑节约计算成本，可将该吸附体系近似处理为刚性吸附体系。综合各分解能量的结果可知，在 $CaSO_4$（010）表面外层氧含量为 100%～50%的阶段，CO 吸附与表面包含物理吸附与化学吸附，由于静电作用和色散作用对于吸附的贡献较大，因此物理吸附占主导作用。而在氧含量为 25%的阶段，静电作用能与色散作用能数值相近，色散作用略大于静电作用，且交换关联作用能几乎为0，同时形变能数值也很小，因此在该阶段为单纯的物理吸附。

3.2.5 Bader电荷与电子密度差分析

电子转移分析可进一步研究各还原阶段CO与$CaSO_4$（010）表面的作用机理，因此采用Bader原子电荷和电子密度差（electronic density difference）对各阶段吸附体系进行深入分析。电子密度差为三维实空间内吸附后电子密度与吸附前电子密度的差值，各阶段稳定吸附构型的电子密度差等值面图如图3-4所示。图中等值面的值为±0.002 e/Å^3，A等值面为正值，表示该区域得电子，B等值面为负值，表示该区域失电子。Bader电荷的计算结果见表3-4。

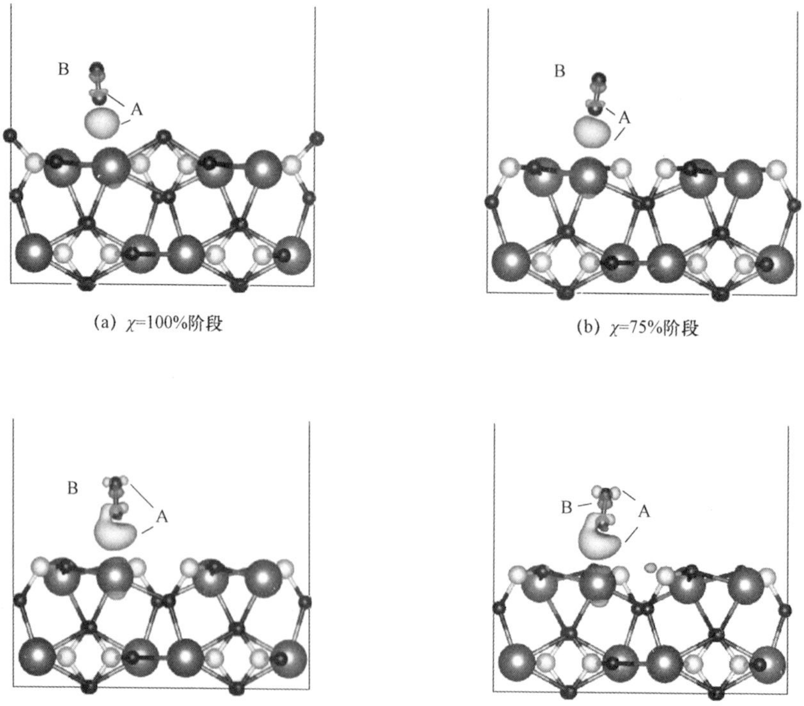

(a) χ=100%阶段　(b) χ=75%阶段

(c) χ=50%_1阶段　(d) χ=50%_2阶段

图3-4　各吸附阶段的电子密度差

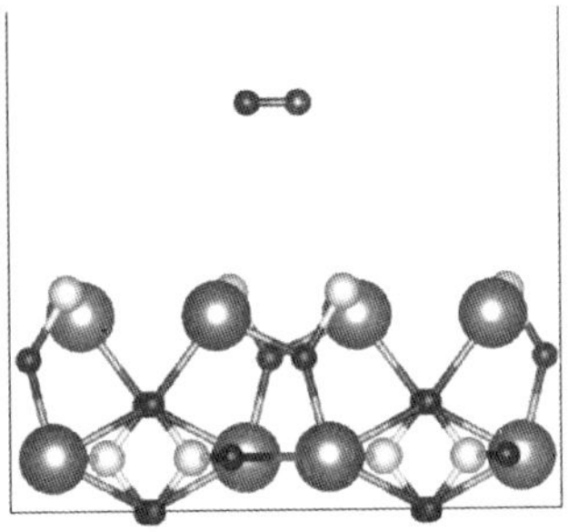

(e) χ=25%阶段

图 3-4　各吸附阶段的电子密度差（续）

表 3-4　各吸附阶段吸附位点的 Bader 电荷

阶段	C 原子	O 原子	Ca 原子	CO 分子
CO 孤立态	1.096 1	−1.096 1	—	0
χ = 100%	1.104 7	−1.083 7	1.636 7	0.020 9
χ = 75%	1.063 4	−1.073 1	1.621 6	−0.009 8
χ = 50%_1	1.005 2	−1.078 9	1.577 2	−0.073 8
χ = 50%_2	0.977 5	−1.073 6	1.572 2	−0.096 2
χ = 25%	1.101 0	−1.109 6	1.560 0	−0.008 6

在 $CaSO_4$（010）表面外层氧含量为 100%的吸附阶段，电子密度差等值面出现于吸附位点的 Ca 原子与 C 原子之间，表明在 CO 吸附于表面后，电子富集于该区域。根据 Bader 电荷分析结果，CO 分子在吸附体系中的电荷为 0.020 9 e，其表明被吸附后电子从 CO 分子转移到载氧体表面。CO 分子整体相较于孤立态失去电子，且 C 原子与 O 原子均不同程度地失去电子，同时 CO 内部电子向所吸附表面进行了一定程度的偏移。在表面外层氧含量为 75%的阶段，电子密度差等值面图出现在吸附位点的 Ca 原子与 C 原子之间，其位置和大小与氧含量为 100%的情况相似。但在该阶段的吸附体系中，CO 的 Bader 电荷为 −0.009 8 e，表明 CO 从载氧体表面得到电子，该结果与图中吸附位点的 Ca 原子顶端出现 B 等值面相对应，而在表面外层氧含量为 100%时，Ca 原子附近仅出现 A 等值面，也进一步

证明了该阶段电子从 CO 转移到载氧体表面。此外，在外层氧含量为 75%与 50%的阶段，Ca 原子下方出现较小的等值面，该现象说明 CO 吸附后造成表面电荷的重新分布，部分电子受到斥力的作用而聚集于表面内侧。该现象进一步表明 CO 的吸附较弱，其不能造成完全的电子转移。在表面外层氧含量为 50%的阶段，较多的电子从表面转移到 CO 分子上，两个不同形式的 50%氧含量表面分别失去 0.073 8 e 与 0.096 2 e 的电子，其中 50%_2 表面更为活跃，有更多的电子在吸附基底与吸附质之间转移，在电子密度差中 C 原子与 S 原子之间有失电子的等值面出现进一步印证了该结果。在 CO 分子内部，较多的电子聚集于 C 原子附近，O 原子的电子由于电子斥力的作用分布于远离 C 原子的一侧，但由于其不完全处于 O 原子的端点侧，因此也阻碍了 CO 分子获取更多的电子。在表面外层氧含量为 25%的阶段，几乎没有 0.002 e/Å^3 的等值面，该现象与 EDA 分析中 −0.01 kJ/mol 的交换关联能相对应，表明 CO 在该阶段几乎没有强相互作用。

综上，由于 $CaSO_4$ 完整表面有较高的电子饱和度，因此仅在该阶段电子从 CO 向表面进行转移，其余均为 CO 得到电子。在被还原表面中，50%_2 阶段的表面最不饱和，因此其电子转移能力最强，吸附效果在整个过程中最好。

3.2.6 AIM 理论分析

AIM（atomsinmolecules）理论[193]是研究分子内部与分子间相互作用的经典理论，本研究采用该理论对各个阶段 CO 分子与表面的相互作用进行了进一步的分析。各个阶段吸附体系的 AIM 拓扑分析如图 3-5 所示，其列出了体系中电子密度函数的所有临界点（critical point，CP）与键径（bond path）。临界点为实空间函数梯度的模等于 0 的位置，其有 4 种形式，以符号（3，X）表示，其中 X 表示是实空间函数的 Hessian 矩阵正负本征值数量之差。图 3-5 中分别标注了（3，−3）、（3，−1）、（3，+1）和

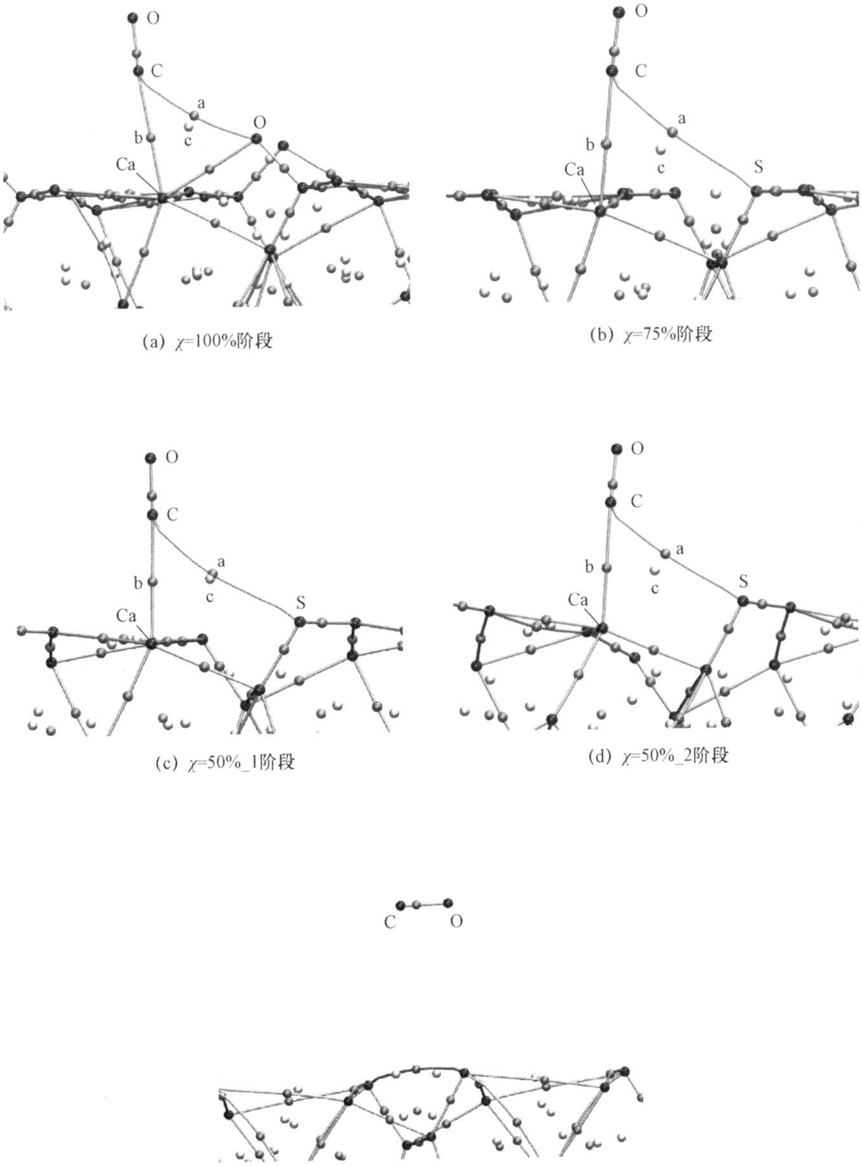

(a) χ=100%阶段

(b) χ=75%阶段

(c) χ=50%_1阶段

(d) χ=50%_2阶段

(e) χ=25%阶段

图 3-5　各阶段吸附体系 AIM 拓扑分析图

（3，+3）临界点。其中，（3，−3）临界点表示实空间函数的局部最大值点，对于电子密度函数而言，其通常出现在靠近原子核很近的位置；（3，−1）临界点为实空间函数的二阶鞍点，对于电子密度函数，其通常出现于两个相互作用的原子之间，该点也被成为键临界点（bond critical point，BCP）；（3，+1）临界点为实空间函数的一阶鞍点，在电子密度函数中，其出现于环体系平面中；（3，+3）临界点为实空间函数的局部最小值点，电子密度函数的局部最小值出现于笼体系之中。键径为两个相互作用的（3，−3）的连接路径，其从（3，−1）临界点沿 Hessian 矩阵唯一的正本征值所对应向量的正逆方向连接至（3，−3）临界点，其反映了两个相互作用的原子实际作用路径。

在各阶段的吸附体系中，除了表面外层氧含量为 25%的体系，CO 与表面间均寻找到临界点与键径，表明在 25%氧含量阶段，CO 与表面的相互作用非常弱，也进一步印证了在该阶段 CO 较难吸附与载氧体表面。在其余阶段中，CO 分子与表面之间有三个临界点，其中键临界点通常用来分析相互作用的性质。表 3-5 列出了键临界点的实空间函数值，其包含电子密度 ρ 、电子密度的拉普拉斯 $\nabla^2\rho$ 、势能密度 V、Lagrangian 动能密度 G 和能量密度 H，同时表 3-6 计算了 V/G 和 H/ρ 值用以判断吸附体系中两个片段的相互作用形式。在外层氧含量 100%～50%的各吸附构型中，临界点 b 的电子密度和能量密度均比临界点 a 大，其表明 Ca-C 之间的相互作用为吸附体系两个片段间的最主要作用形式。但键临界密度处，较低的电子密度和能量密度表明 CO 与表面之间的作用强度较弱。此外，在表面外层氧含量为 100%～50%的阶段内，CO 与表面之间相互作用的临界点能量密度为正，其表明二者之间的相互作用为闭壳作用（close shell interaction）[194]。同时，根据 $|V|/G<1$ 和 $H>0$ 两个指标[195]同时满足，可以判断该闭壳作用为纯粹的闭壳作用。此外，在各还原阶段，电子密度的拉普拉斯值均大于 0，该结果表明，CO 与表面的相互作用为非共价作用，也进一步解释了在 Bader 电荷分析中 CO 与表面之间的电荷转移小于 0.1 e

的现象。H/ρ 被称为键级（bond degree，BD），其可以反映非共价作用的强度。根据键级计算结果，表面外层氧含量为 50%_2 阶段的值最大，表明该阶段非共价作用最强；而在表面外层氧含量为 100%阶段的值最小，表明在该阶段非共价作用最弱。该结果与 $\Delta E_{exch+PAW,\ corr}$ 的变化趋势保持一致。还原进程中，在表面外层氧含量为 50%_2 的阶段电子密度和能量密度最大，其进一步说明了在该阶段 CO 的吸附最为稳定。此外，表面外层氧含量 100%时，临界点 b 处的电子密度小于 75%的阶段，其能量密度更高，表明其弱相互作用更强。因此，在 100%氧含量阶段比 75%氧含量阶段 CO 的吸附更稳定。

表 3-5　键临界点实空间函数值

阶段	BCP	电子密度 ρ	电子密度的拉普拉斯 $\nabla^2\rho$	势能密度 V	能量密度 H	Lagrangian 动能密度 G
χ = 100%	a	8.76×10^{-3}	3.28×10^{-2}	-4.90×10^{-3}	1.66×10^{-3}	6.55×10^{-3}
	b	1.72×10^{-2}	7.14×10^{-2}	-1.20×10^{-2}	2.94×10^{-3}	1.49×10^{-2}
χ = 75%	a	6.29×10^{-3}	1.49×10^{-2}	-2.25×10^{-3}	7.43×10^{-4}	2.99×10^{-3}
	b	1.98×10^{-2}	8.11×10^{-2}	-1.44×10^{-2}	2.93×10^{-3}	1.73×10^{-2}
χ = 50%_1	a	6.47×10^{-3}	1.29×10^{-2}	-2.07×10^{-3}	5.80×10^{-4}	2.65×10^{-3}
	b	2.47×10^{-2}	1.02×10^{-1}	-1.96×10^{-2}	2.96×10^{-3}	2.26×10^{-2}
χ = 50%_2	a	1.02×10^{-2}	1.87×10^{-2}	-3.46×10^{-3}	6.12×10^{-4}	4.07×10^{-3}
	b	2.55×10^{-2}	1.09×10^{-1}	-2.09×10^{-2}	3.19×10^{-3}	2.41×10^{-2}

表 3-6　CO 与表面作用形式判别值

阶段	BCP	V/G	H/ρ
χ = 100%	a	−0.747 3	0.189 5
	b	−0.802 6	0.170 9
χ = 75%	a	−0.751 6	0.118 1
	b	−0.830 9	0.148 0
χ = 50%_1	a	−0.781 1	0.089 6
	b	−0.869 0	0.119 8
χ = 50%_2	a	−0.849 6	0.060 0
	b	−0.867 6	0.125 1

3.2.7 独立梯度模型分析

根据以上分析结果，CO 在 $CaSO_4$（010）表面及其被还原表面的吸附为物理吸附，且该吸附体系为弱相互作用体系。独立梯度模型（independent gradient model，IGM）通常用以研究弱相互作用[196]。各吸附阶段吸附体系的填色散点图和等值面图如图 3-6 所示。

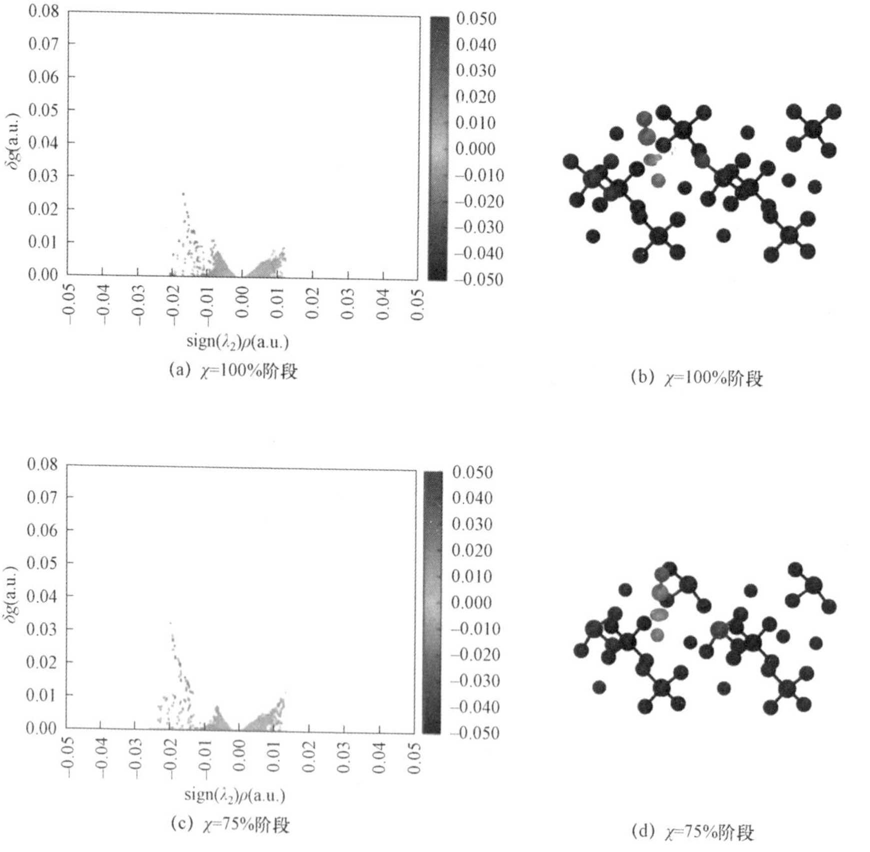

(a) χ=100%阶段　(b) χ=100%阶段

(c) χ=75%阶段　(d) χ=75%阶段

图 3-6　独立梯度模型的填色散点图与等值面

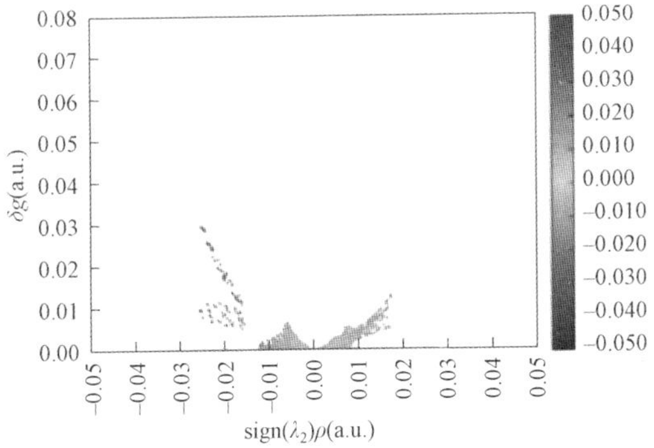

(e) χ=50%_1阶段

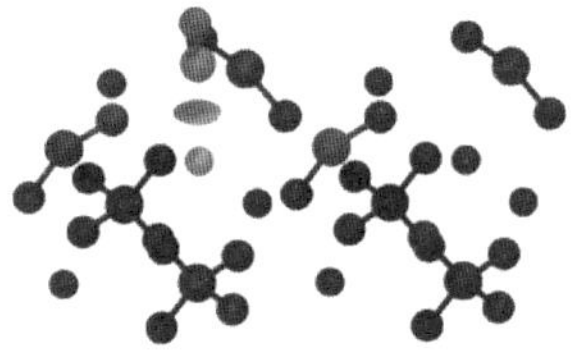

(f) χ=50%_1阶段

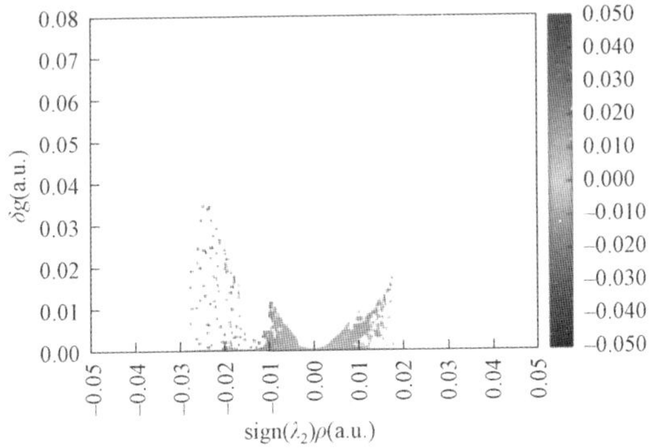

(g) χ=50%_2阶段

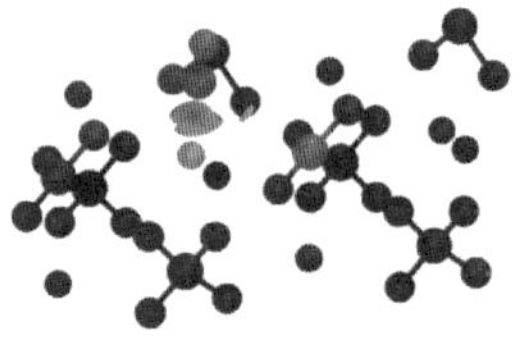

(h) χ=50%_2阶段

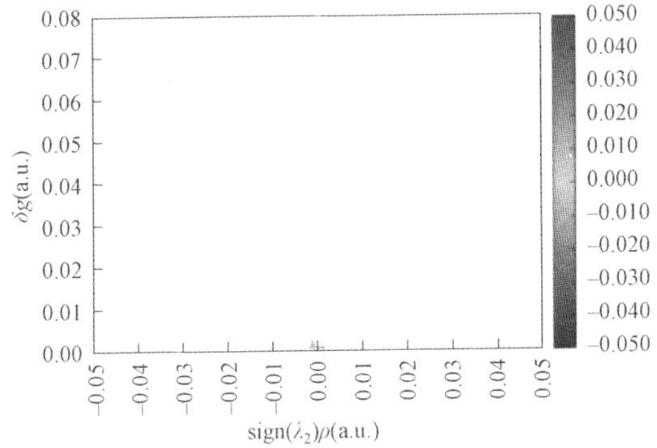

(i) χ=25%阶段

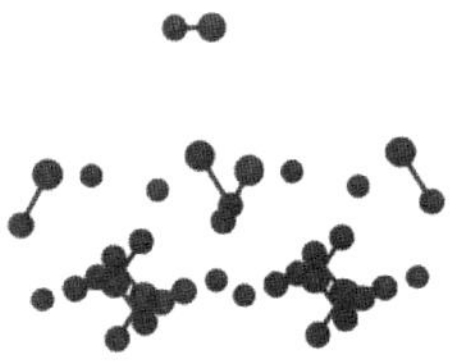

(j) χ=25%阶段

图 3-6　独立梯度模型的填色散点图与等值面（续）

在散点图中，横坐标为ρ与$\mathrm{sign}(\lambda_2)$的乘积，纵坐标为δg。ρ为AIM理论中所定义的电子密度，其与相互作用强度相关。$\mathrm{sign}(\lambda_2)$为电子密度Hessian矩阵的本征值符号，其代表了相互作用的形式。δg为三维实空间函数。在各氧含量阶段的5个吸附构型中，穗（spike）出现在横坐标－0.04～0.04范围内，其表明van de Waals作用是吸附的主要原因，该结论与EDA、AIM结果保持一致。出现于$\mathrm{sign}(\lambda_2)\rho>0$区域的穗表示吸引作用。在表面外层氧含量为50%阶段出现最大的吸引穗，因此其吸附能力是最强，且50%_2阶段最强。在表面外层氧含量为100%和75%的吸引穗形状较为相近。尽管75%阶段中δg的最大值要大于氧含量100%的阶段，但是100%阶段的穗密度大于75%的阶段，因此，表面外层氧含量为100%阶段吸引作用要小于75%。在$\mathrm{sign}(\lambda_2)\rho<0$的区域出现穗，表示该构型存在位阻作用。50%_2阶段的散点图中出现了最大的位阻穗，但是其较大的吸引作用抵消了该位阻作用。在100%和75%阶段的位阻穗仍然相近，表明二者的位阻作用几乎是相同的。此外，相较于其他的还原阶段，表面外层氧含量为25%阶段的穗非常小，但其吸引穗仍大于位阻穗，因此CO在外层氧含量为25%的阶段吸附很弱，但仍有一定程度的吸附。

在等值面图中，通过δg的值展现了吸附体系中弱相互作用的区域，同时每个原子对δg的贡献程度（δg指数）也在图中以颜色标尺进行标识，其中大于0.02的数值列于表3-7中。由于表面外层氧含量为25%的阶段作用较弱，因此在该阶段选取了大于0.002的数值。在等值面中的相互作用的标尺范围－0.5～0～0.5，－0.5附近表示较强的相互作用，0附近表示较弱的相互作用，0.5附近表示位阻作用。该标尺与散点图中的标尺保持一致。对于原子的颜色而言，暗色表示对δg的贡献程度较低，即对弱相互作用的贡献较少，亮色则代表较高的贡献。在氧含量为25%的填色图中，没有弱相互作用等值面出现，且原子的颜色均为深色，表明CO与表面的作用非常弱。在表3-7中，原子与原子对的δg指数相对于其他阶段均较小，该较小数值与等值面图相对应。在其余被还原阶段，等值面主要出现在 Ca 与 C 之间，且 C-Ca 原子对的 δg 指数均较大，表明 C-Ca1 作用为主要的弱相互作用。同时 CO 的 O 原子与 Ca 原子之间相互作用明显。而在 100%氧含量阶段和 50%_2 氧含量阶段，分别在 C-O1 与 C-S1 之间出现了较小的等值面，其与大于 0.02 的 δg 指数也相互对应。根据等值面的大小和灰度深浅判断，在表面外层氧含量为 50%的阶段，面积最大且深色出现最多，因此其为最容易吸附的阶段。该阶段的原子深浅色以及 δg 指数表明，体系中 CO 的 C 和 O 原子对弱相互作用的贡献最大。特别在 50%_2 阶段，C 原子的颜色较亮的深色，其表明 C 原子对弱相互作用的贡献较大。而在 100%～50%吸附体系的表面中，Ca 原子对吸附的贡献最大，表明表面中 Ca 原子起到主要的吸附作用。同时，100%氧含量阶段 Ca 原子旁的 O 原子与 75%、50%阶段 Ca 原子旁的 S 原子对于弱相互作用的贡献也很大，但其 δg 指数明显低于 C 原子与 Ca 原子的值。综上，CO 与表面间弱相互作用以 Ca-C 之间的作用为主。

表 3-7 原子与原子对的 δg 指数

阶段	片段	原子/原子对	δg 指数
$\chi=100\%$	CO	C	0.148 8
		O	0.041 3
	表面	Ca1	0.073 0
		O1	0.027 0
	原子对	C-Ca1	0.046 1
		O-Ca1	0.026 9
		C-O1	0.023 6
$\chi=75\%$	CO	C	0.131 3
		O	0.040 2
	表面	Ca1	0.077 1
		S1	0.029 1
	原子对	C-Ca1	0.048 2

续表

阶段	片段	原子/原子对	δg 指数
$\chi=75\%$	原子对	O-Ca1	0.029 0
		C-S1	0.025 2
$\chi=50\%\_1$	CO	C	0.144 0
		O	0.043 0
	表面	Ca1	0.096 1
		S1	0.029 5
	原子对	C-Ca1	0.062 5
		O-Ca1	0.033 6
		C-S1	0.026 5
$\chi=50\%\_2$	CO	C	0.174 6
		O	0.048 4
	表面	Ca1	0.102 1
		S1	0.047 1
		O1	0.020 9
	原子对	C-Ca1	0.068 5
		C-S1	0.041 2
		O-Ca1	0.033 6
$\chi=25\%$	CO	C	0.011 6
		O	0.005 3
	表面	S1	0.008 7
		Ca1	0.006 4
	原子对	C-S1	0.006 2
		C-Ca1	0.004 1
		O-S1	0.002 6
		O-Ca1	0.002 3

根据上述的分析，CO 在原始 $CaSO_4$（010）表面及其被还原表面的吸附为物理吸附，且弱相互作用为主要的吸引作用。物理吸附限制了反应的正向进行，其为造成钙基载氧体反应活性较低的主要原因之一。$CaSO_4$（010）表面外层氧含量为 25%的阶段相较于其他阶段的吸附能力最弱，因此该阶段的 O 原子质量较低。因此对于 $CaSO_4$ 载氧体而言，其有 3 个

O 原子较活跃，易于与燃料进行反应。而其最后一个 O 原子为低质量晶格氧，其在吸附阶段活性较弱，不利于还原反应的深度进行。该低质量晶格氧造成了实验中还原反应末期反应速率急剧下降的现象。

基于以上结论，可推断将 CO 的吸附从物理吸附提升至化学吸附可以在一定程度上提高还原反应速率。因此，增大 CO 与 $CaSO_4$ 载氧体之间的电子转移能力是行之有效的方法之一。未来关于提高 $CaSO_4$ 载氧体反应性能方面的研究可基于该方向进行。

3.3　CO 在 $CaSO_4$（010）表面连续性反应机理

CO 吸附于 $CaSO_4$（010）表面后，会发生两种反应：一种为 $CaSO_4$（010）表面的晶格氧将 CO 氧化为 CO_2；另一种为 CO 在高温下分解而造成积碳现象。本节将针对这两种反应，研究原始 $CaSO_4$（010）表面与被还原表面的 CO 氧化为 CO_2 与 CO 分解积碳两种反应的竞争机理。

3.3.1　计算方法

CO 在 $CaSO_4$（010）表面反应过程中所有的构型（反应物、生成物、中间体、过渡态）均采用周期性体系密度泛函理论计算，同时使用色散修正以考虑弱相互作用。在计算中，使用非限制性自旋的 GGA-PBE 方法描述交换关联作用，对于赝势的处理采用有效赝势方法（effective core potentials，ECP）。全局轨道截断距离为 5.8 Å，为了加速自洽场（self-consistent field，SCF）收敛，设置了 0.005 Ha 的展宽（smearing width）。布里渊区采用 Monkhorst-Pack 方法生成 $4\times4\times1$ 的 k 点进行采样。SCF 的收敛精度为 1.0×10^{-6} Ha，结构优化中，能量、最大受力、最大位移分别收敛于 1.0×10^{-6} Ha、0.002 Ha/Å、0.005 Å。在过渡态（transition state，

TS）构型优化中，采用 LST/QST（linear/quadratic synchronous transit）方法进行过渡态搜索，并使用 EF（eigenvector/egenvalue following）对搜索到的过渡态进行高精度优化。在计算中为了反映表面的固体特性，结构优化中下层氧原子保持固定。通过以上计算方法，得到的 $CaSO_4$ 晶体与 CO 的构型数据见表 3-8，与文献实验结果对比误差均小于 2.5%，表明本研究的计算结果可靠。

表 3-8　计算所得参数与文献值的对比

物质	参数	计算值/Å	文献值/Å	相对误差
$CaSO_4$ 晶体	a	7.140	6.993[a]	2.10%
	b	6.987	6.995[a]	0.11%
	c	6.286	6.245[a]	0.66%
CO	C-O 键长	1.142	1.128[b]	1.24%
CO_2	C-O 键长	1.176	1.16[c]	1.38%

a：文献［185］；b：文献［186］；c：文献［197］。

(a) CO

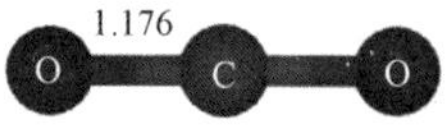

(b) CO_2

图 3-7　气体分子构型

计算采用的表面模型为在 $CaSO_4$ 晶体计算的基础上切割 $CaSO_4$(010) 表面，并拓展为 2×1 的超晶胞结构，同时在垂直于表面的 z 方向增加 15 Å 真空层以消除 z 方向周期性边界条件所引起上层表面对吸附结构的影响。其余表面模型参数（包含深度还原表面模型的建立）与 3.2.2 保持一致，连续性还原过程仍以不同 $CaSO_4$（010）表面外层氧含量 χ 表示，该过程表面外层氧含量 χ 变化为 100%～75%～50%～25%，其中 $\chi=50\%$ 表面选用 3.2.2 节中活性较高的 $\chi=50\%\_2$ 表面，各不同外层含氧量表面的构型如图 3-1 所示，CO 与 CO_2 的构型如图 3-7 所示。

3.3.2　CO 与 $CaSO_4$（010）表面还原反应机理

CO 吸附于 $CaSO_4$（010）表面及其被还原表面后，会被晶格 O 氧化为 CO_2，其反应如式 3.4 所示。

$$\begin{cases} CO + * \leftrightarrow CO* \\ CO* + O_{Lattice} \leftrightarrow CO_2* \\ CO_2 \leftrightarrow CO_2 + * \end{cases} \tag{3.4}$$

式中，*为吸附位点；CO*为吸附于表面上的 CO 分子；CO_2*为吸附于表面的 CO_2 分子；$O_{Lattice}$ 为 $CaSO_4$ 载氧体所提供的晶格氧。在反应过程中，最稳定的 CO 在各表面吸附结构作为反应的初始结构（initial state，IS），反应所产生的 CO_2 吸附构型为反应的终态（final state，FS）。CO 在不同 $CaSO_4$（010）表面外层氧含量阶段的氧化反应路径中的驻点（IS、TS、FS）如图 3-8 所示，其势能剖面图如图 3-9 所示，路径中各驻点相对于 IS 的能量见表 3-9。

在 $CaSO_4$（010）表面外层氧含量为 100%的阶段，CO 分子吸附于表面的 Ca 原子顶端后，CO 的 C 原子与 $CaSO_4$（010）表面的 O 原子相互吸引，从而将晶格 O 逐渐拉离表面，形成 CO_2 后以倾斜的方式吸附于表面的 Ca 原子上。在吸附阶段 CO 分子的 Mulliken 电荷为 0.049 e，而在 TS 阶段，CO 分子的 Mulliken 电荷增加至 0.058 e，表明反应中 CO 失去电子。其中，C 原子的 Mulliken 电荷从 0.121 e 增加至 0.265 e，O 原子的 Mulliken 电荷从 −0.072 e 减少至 −0.207 e，表明该过程 C 失去电子且大部分电子转移至 CO 分子的 O 原子上。而反应位点 O 原子的 Mulliken 电荷在该过程从 −0.485 e 变为 −0.585 e，表明一部分电子从 CO 分子转移至表面的晶格 O 中。反应完成后，CO_2 分子的总电荷为 0.008 e，表明 CO_2 分子与表面的共价作用较弱。其中 C 原子、O 原子、从表面所获 O 原子的 Mulliken 电荷分别为 0.594 e、−0.236 e、−0.585 e，表明 C 原子进一步失去电子，一部分电子转移至 O 原子中，另一部分随表面所获 O 原子转移至表面。该阶段中，正向反应所越过的能垒为 218.07 kJ/mol，逆向反应所越过的能垒为 306.11 kJ/mol。

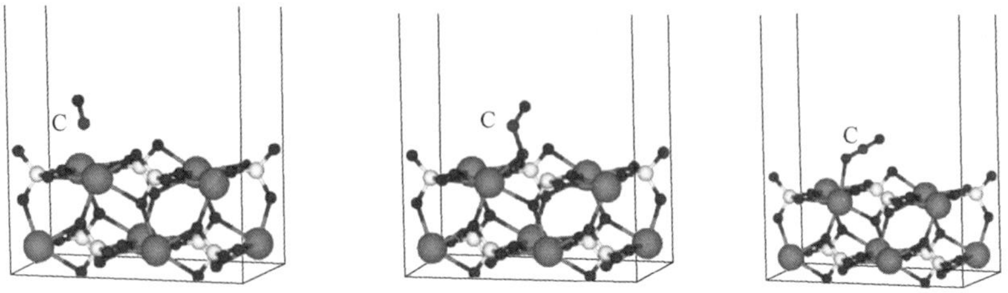

(a) χ=100%阶段IS→TS→FS

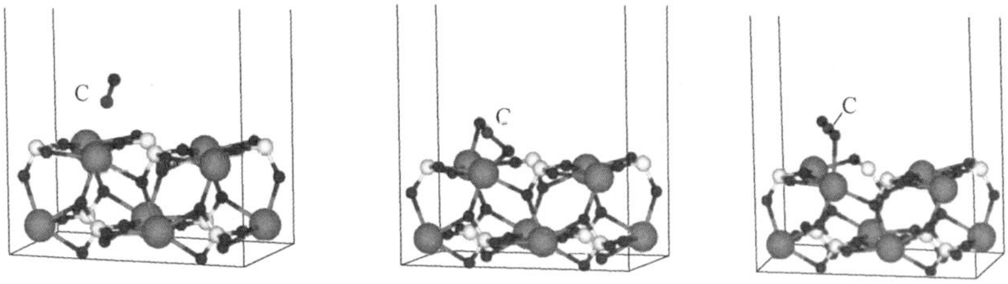

(b) χ=75%阶段IS→TS→FS

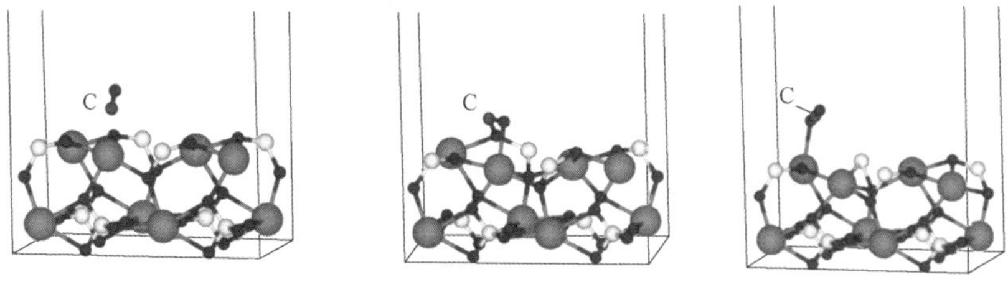

(c) χ=50%阶段IS→TS→FS

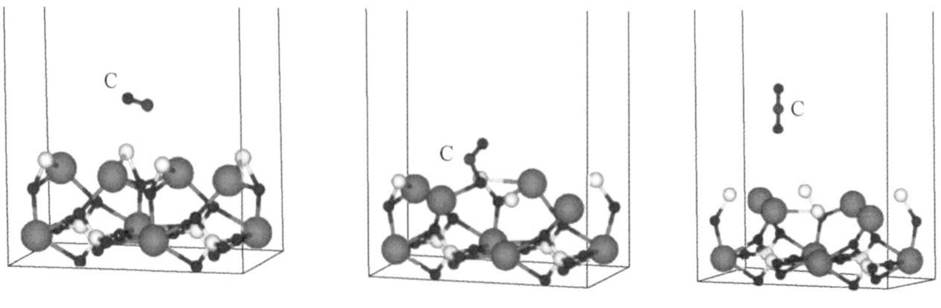

(d) χ=25%阶段IS→TS→FS

图 3-8　还原反应中各驻点构型

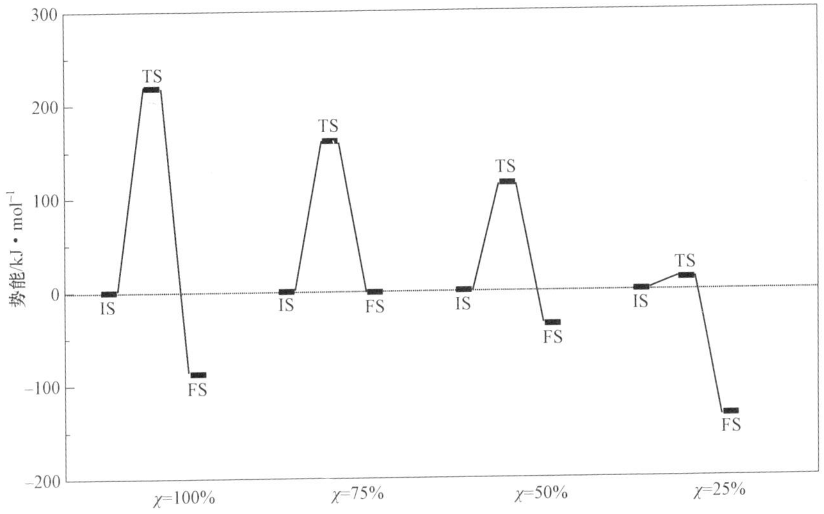

图 3-9 还原反应势能剖面图

表 3-9 还原反应中各驻点相对能量

阶段	IS/kJ • mol^{-1}	TS/kJ • mol^{-1}	FS/kJ • mol^{-1}
$\chi = 100\%$	0.00	218.07	−88.04
$\chi = 75\%$	0.00	160.65	−1.62
$\chi = 50\%$	0.00	114.72	−36.48
$\chi = 25\%$	0.00	11.99	−114.16

在 $CaSO_4$（010）表面外层氧含量为 75%的阶段，CO 分子在表面的 Ca 原子顶端吸附后，将旁位的 O 原子拉离表面，CO 分子与表面 O 原子反应生成 CO_2 分子后，仍以倾斜且 O 原子朝下的方式吸附于 Ca 原子顶端。吸附构型中，CO 分子中 C 原子的 Mulliken 电荷为 0.095 e，随着反应的进行，其经历 TS 阶段 0.167 e 后转变为 CO_2 吸附阶段的 0.595 e，表明 C 原子随反应的进行一直在失电子。CO 分子的 O 原子 Mulliken 电荷变化为 −0.084 e 减少至 −0.465 e，再增加至 −0.278 e；反应位点的晶格 O 的 Mulliken 电荷持续增加，由 −0.702 e 变为 −0.552 e，再增加至 −0.326 e。该现象表明 CO 分子的 O 先得到电子再失电子，而晶格 O 原子在反应中持续失去电子。在 CO_2 分子吸附阶段中，CO_2 分子的总电荷为 −0.009 e，

表明其与表面的共价作用仍较弱，其在表面的吸附由弱相互作用占主要作用。该阶段正逆反应所需越过的能垒分别为 160.65 kJ/mol、162.27 kJ/mol。

在 $CaSO_4$（010）表面外层氧含量为 50%的阶段，吸附于 Ca 原子顶端的 CO 分子与邻位的 O 原子相互吸引，将晶格 O 拉离表面后形成 CO_2 分子并吸附于 Ca 原子顶端。C 原子的 Mulliken 电荷随着反应的进行逐步增大，从 −0.02 e 增至 0.163 e，最后变为 0.529 e，表明 C 原子随着反应进行逐步失电子。CO 分子的 O 原子随反应的进行，Mulliken 电荷先由 −0.104 e 变为 −0.464 e，最后又减少至 −0.272 e。C 原子失去的部分电子转移至 O 原子上，且有一部分在生成 CO_2 后转移至表面。反应位点的晶格 O 随着反应的进行一直失去电子，由 −0.78 e 增至 −0.554 e 再增为 −0.246 e。在 CO_2 分子吸附阶段，CO_2 分子的总电荷为 0.011 e，表明 CO_2 与表面间的作用较弱。该过程需翻越正逆能垒分别为 114.72 kJ/mol、151.20 kJ/mol。

在 $CaSO_4$（010）表面外层氧含量为 25%的阶段，被吸附的 CO 分子将 O 原子从 Ca 原子与 S 原子的间隙拉出至表层，转化为 CO_2 分子后垂直吸附于 Ca 原子顶端。反应中，C 原子的 Mulliken 电荷值从 0.088 e 增加至 0.155 e，最后增至 0.564 e；O 原子的 Mulliken 电荷仍为先降低后增加，该值由 −0.122 e 降低为 −0.304 e，最后降为 −0.283 e；反应位点的晶格 O 电荷持续增加，由 −0.883 e 经 −0.612 e 增至 −0.271 e。O 原子从 CO 吸附构型至 CO_2 吸附构型得到电子，表明 C 原子失去的电子转移到了 O 原子与表面上。而在 CO_2 吸附构型中，CO_2 总电荷为 0.01 e，表明 CO_2 与表面的交换关联作用非常弱。该过程的正逆反应所需越过的正逆向能垒分别为 11.99 kJ/mol、146.15 kJ/mol。

从反应的能垒图 3-9 中可知，随着 $CaSO_4$（010）表面外层氧含量的减少，正向反应所需越过的能垒降低，表明 CO 分子吸附于 $CaSO_4$（010）表面及其被还原表面后，表面反应的正向反应较为容易；同时，其逆向反应的能垒也逐步降低，该现象表面逆向反应也较易进行。

3.3.3 CO 在 $CaSO_4$（010）表面积碳反应机理

CO 吸附于 $CaSO_4$（010）表面及其被还原表面后，除被晶格 O 氧化为 CO_2 外，高温下其在载氧体表面会发生分解，从而形成积碳[57,137,198]，反应如式 3.5 所示。

$$\begin{cases} CO + * \leftrightarrow CO^* \\ CO^* \leftrightarrow C^* + O^* \end{cases} \tag{3.5}$$

式中，*为吸附位点；CO*为吸附于表面的 CO 分子；C*为在表面形成积碳的 C 原子；O*为表面吸附的离解 O 原子。在计算中，由于 $CaSO_4$（010）表面外层氧含量为 100%时，表面 O 饱和度极高，CO 不会分解而产生积碳，CO 分解形成积碳的构型无法稳定存在，因此积碳反应只计算 $CaSO_4$（010）表面外层氧含量 75%～25%的阶段。在反应过程中，反应的初始结构与还原反应一致，反应所产生的积碳构型为终态结构。CO 在不同 $CaSO_4$（010）表面外层氧含量阶段分解积碳反应路径中的驻点（IS、TS、FS）如图 3-10 所示，其势能剖面图如图 3-11 所示，路径中各驻点相对于 IS 的能量见表 3-10。

在 $CaSO_4$（010）表面外层氧含量为 75%的阶段，表面吸附的 CO 分子在两个相邻的 S 原子上方分解，其裂解为 C 原子与 O 原子，位于 S 原子与 Ca 原子的所连接的桥位（bridge site）上方。在 CO 裂解过程中，C 原子的 Mulliken 电荷从 0.095 e 经过渡态的 −0.259 e 后，持续减少至 −0.293 e；O 原子的 Mulliken 电荷从吸附阶段的 −0.084 e 减少至过渡态的 −0.489 e 后，在稳定的积碳构型中仍为 −0.489 e。二者的 Mulliken 电荷均减少，表明在形成积碳的过程中，表面的电荷转移至 CO 分子所裂解的 C 原子与 O 原子上。在该过程中，积碳反应所经历的正、逆向路径所需翻越的能垒分别为 429.37 kJ/mol、19.47 kJ/mol。

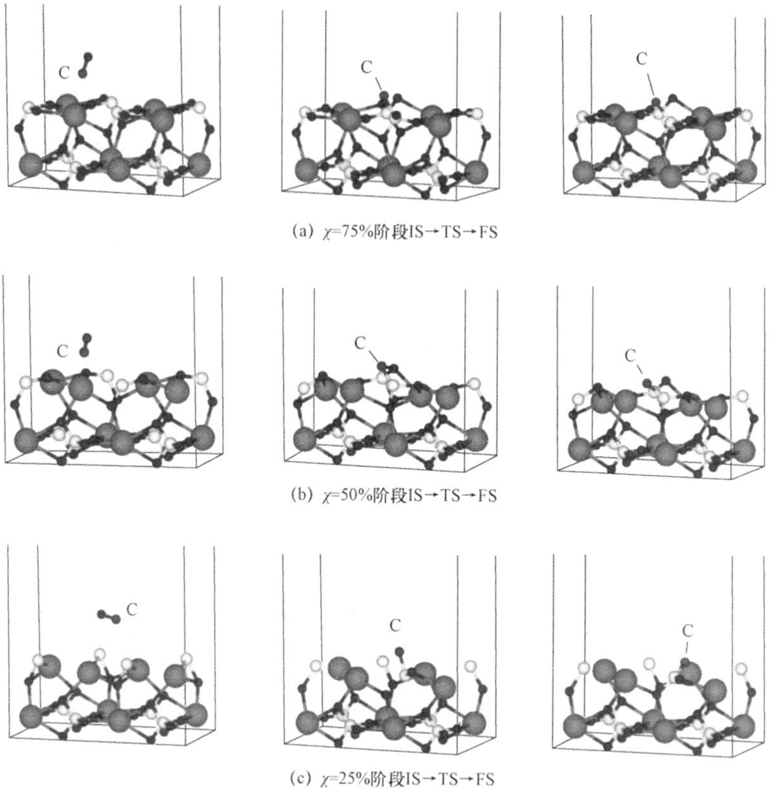

图 3-10　积碳反应路径中各驻点构型

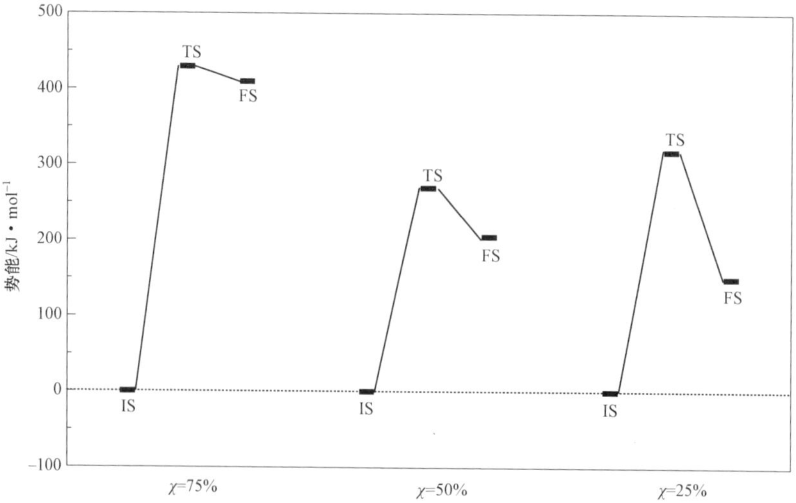

图 3-11　积碳反应势能剖面图

表 3-10　还原反应路径中各驻点相对能量

阶段	IS/kJ・mol^{-1}	TS/kJ・mol^{-1}	FS/kJ・mol^{-1}
$\chi = 75\%$	0.00	429.37	409.90
$\chi = 50\%$	0.00	269.68	205.16
$\chi = 25\%$	0.00	317.81	150.11

在 $CaSO_4$（010）表面外层氧含量为 50%的阶段，CO 分子在 2 个 S 原子的桥位上方进行分解反应，其分解后稳定与 S 原子结合，位于其朝向 Ca 原子的 S 原子的斜上方。该过程中，C 原子的 Mulliken 电荷由 −0.02 e 降低至过渡态阶段的 −0.529 e，在终态中，其增加至 −0.312 e，其总变化趋势为得电子；O 原子在反应过程中持续得到电子，其 Mulliken 电荷从 −0.104 e 经过渡态的 −0.258 e 降低至 −0.573 e。Mulliken 原子电荷变化趋势表明，在该阶段的 CO 分子分解过程中，表面仍向裂解生成的 C 原子与 O 原子转移电荷。该积碳过程的正、逆向反应能垒分别为 269.68 kJ/mol、64.52 kJ/mol。

在 $CaSO_4$（010）表面外层氧含量为 25%的阶段，CO 分子在表面 S 原子的上方发生分解反应，其裂解后分别位于 S 原子的两侧。在该过程中，C 原子的 Mulliken 电荷从 0.088 e 经过渡态的 −0.104 e 后逐步降低为 −0.406 e，O 原子的 Mulliken 电荷则由 −0.122 e 经过渡态的 −0.658 e 后降至 −0.731 e。C 原子和 O 原子 Mulliken 原子电荷均降低的现象表明，CO 裂解后载氧体表面向该两种原子转移部分电子。在该积碳路径中，正、逆向反应所需翻过的能垒分别为 317.81 kJ/mol、167.7 kJ/mol。

在 3 个阶段的积碳反应中，在表面外层氧含量为 50%的阶段正向反应能垒最低，表明其最容易发生正向反应，25%氧含量阶段次之，75%最不容易发生正向反应；对于逆向反应，随着 $CaSO_4$（010）表面外层氧含量的降低，逆反应的能垒逐步升高，表明逆反应愈发不易进行。

3.3.4　CO 与 $CaSO_4$（010）表面反应动力学分析

为了进一步对表面反应进行分析，同时考虑温度对反应的影响，采用经典过渡态理论（conventional transition state theory，CTST）[199,200]对各基元反应的反应速率进行计算，并以双参数 Arrhenius 公式为模型拟合该反应的动力学参数。CTST 的反应速率计算方法如式（3.6）所示。

$$k(T)=\kappa\frac{k_BT}{h}\frac{Q^{\neq}}{Q_AQ_B}\exp\left(-\frac{E_a}{RT}\right) \tag{3.6}$$

式中，k（T）为 T 温度下的反应速率，单位为 s^{-1}；T 为温度，单位为 K；κ 为隧道效应（tunnelling effect）透射系数；k_B 为 Boltzmann 常数，其值为 1.381×10^{-23} J/K；h 为 Plank 常数，其值为 6.626×10^{-34} J • s；$Q^{\neq}$、Q_A、Q_B 分别表示所计算温度下过渡态、物质 A、物质 B 的配分函数，其单位为 1；E_a 为反应的能垒，单位为 J/mol；R 为理想气体常数，其值为 8.314 J/（mol • K）。式（3.6）的等价热力学形式如式（3.7）。

$$k(T)=\kappa\frac{k_BT}{h}\exp\left(-\frac{\Delta G}{RT}\right) \tag{3.7}$$

式中，ΔG 为所计算温度下反应的自由能垒，单位为 J/mol；其余字符含义均与式（3.6）一致。两种 CTST 反应速率计算公式均涉及隧道效应透射系数 κ 的计算，本研究使用近似的 Skodje-Truhlar 方法[201]计算隧道效应透射系数 κ，其计算式如式（3.8）。

$$\begin{cases}\kappa=\dfrac{\beta\pi}{\alpha\sin\left(\dfrac{\beta\pi}{\alpha}\right)}\\ \alpha=\dfrac{2\pi}{hv^{\neq}}\\ \beta=\dfrac{1}{k_BT}\end{cases} \tag{3.8}$$

式中，$v^{\neq}$ 为过渡态的虚频，单位为 s^{-1}；其余字符含义均与式（3.6）一致。双参数 Arrhenius 公式如式（3.9）。

$$k(T)=A\exp\left(-\frac{\Delta E}{RT}\right) \tag{3.9}$$

式中，A 为指前因子，单位为 s^{-1}；ΔE 为反应活化能，单位为 J/mol。

根据以上公式计算反应路径各驻点的频率，拟合其自由能与温度的关系式，计算得到各温度下的反应速率，进一步分析表面反应进程。

各温度下，CO 在 $CaSO_4$（010）表面及其被还原表面的还原反应与分解积碳反应中各驻点（IS、TS、FS）的吉布斯自由能通过频率计算得到，并使用三次函数（cubic function）拟合吉布斯自由能与温度的函数关系，其结果见表 3-11。

表 3-11　反应各驻点吉布斯自由能公式

阶段	物质	吉布斯自由能公式
孤立态	CO	$G(T)=3.60-3.7\times10^{-2}T-1.92\times10^{-5}T^2+6.99\times10^{-9}T^3$
	CO_2	$G(T)=6.76-3.3\times10^{-2}T-2.36\times10^{-5}T^2+7.78\times10^{-9}T^3$
$\chi=100\%$	表面	$G(T)=94.58+8.02\times10^{-3}T-3.84\times10^{-4}T^2+1.04\times10^{-7}T^3$
	IS	$G(T)=98.69+4.58\times10^{-3}T-4.05\times10^{-4}T^2+1.11\times10^{-7}T^3$
	还原 TS	$G(T)=97.36-2.09\times10^{-3}T-4.07\times10^{-4}T^2+1.12\times10^{-7}T^3$
	还原 FS	$G(T)=98.81+3.58\times10^{-3}T-4.05\times10^{-4}T^2+1.11\times10^{-7}T^3$
	还原表面	$G(T)=90.94+6.68\times10^{-3}T-3.82\times10^{-4}T^2+1.04\times10^{-7}T^3$
$\chi=75\%$	表面	$G(T)=79.99+5.12\times10^{-3}T-3.72\times10^{-4}T^2+1.04\times10^{-7}T^3$
	IS	$G(T)=84.32-5.54\times10^{-5}T-3.96\times10^{-4}T^2+1.12\times10^{-7}T^3$
	还原 TS	$G(T)=83.92+4.97\times10^{-3}T-3.87\times10^{-4}T^2+1.08\times10^{-7}T^3$
	还原 FS	$G(T)=85.19-1.55\times10^{-3}T-3.95\times10^{-4}T^2+1.12\times10^{-7}T^3$
	还原表面	$G(T)=77.17+3.58\times10^{-3}T-3.65\times10^{-4}T^2+1.03\times10^{-7}T^3$
	分解 TS	$G(T)=85.40+4.21\times10^{-3}T-3.78\times10^{-4}T^2+1.04\times10^{-7}T^3$
	分解 FS	$G(T)=85.70+4.08\times10^{-3}T-3.84\times10^{-4}T^2+1.06\times10^{-7}T^3$
$\chi=50\%$	表面	$G(T)=68.78-1.02\times10^{-3}T-3.42\times10^{-4}T^2+9.72\times10^{-8}T^3$
	IS	$G(T)=73.18-2.25\times10^{-3}T-3.64\times10^{-4}T^2+1.05\times10^{-7}T^3$
	还原 TS	$G(T)=72.31+3.75\times10^{-3}T-3.58\times10^{-4}T^2+1.02\times10^{-7}T^3$
	还原 FS	$G(T)=73.73+6.77\times10^{-3}T-3.42\times10^{-4}T^2+9.70\times10^{-8}T^3$
	还原表面	$G(T)=66.32+6.46\times10^{-3}T-3.35\times10^{-4}T^2+9.57\times10^{-8}T^3$

续表

阶段	物质	吉布斯自由能公式
$\chi=50\%$	分解TS	$G(T)=73.55+1.92\times10^{-3}T-3.54\times10^{-4}T^{2}+9.96\times10^{-8}T^{3}$
	分解FS	$G(T)=74.06+6.80\times10^{-3}T-3.54\times10^{-4}T^{2}+9.98\times10^{-8}T^{3}$
$\chi=25\%$	表面	$G(T)=59.60+4.64\times10^{-3}T-2.96\times10^{-4}T^{2}+8.46\times10^{-8}T^{3}$
	IS	$G(T)=62.94-6.17\times10^{-4}T-3.06\times10^{-4}T^{2}+8.81\times10^{-8}T^{3}$
	还原TS	$G(T)=63.69+1.53\times10^{-3}T-3.18\times10^{-4}T^{2}+9.16\times10^{-8}T^{3}$
	还原FS	$G(T)=66.88-1.36\times10^{-2}T-3.16\times10^{-4}T^{2}+9.14\times10^{-8}T^{3}$
	还原表面	$G(T)=58.08+1.89\times10^{-3}T-2.92\times10^{-4}T^{2}+8.38\times10^{-8}T^{3}$
	分解TS	$G(T)=62.77+3.30\times10^{-3}T-3.16\times10^{-4}T^{2}+9.07\times10^{-8}T^{3}$
	分解FS	$G(T)=64.98-1.52\times10^{-3}T-3.26\times10^{-4}T^{2}+9.37\times10^{-8}T^{3}$

正逆基元反应的吉布斯自由能垒的计算公式如式（3.10）所示。

$$\Delta G_{TS}=G_{TS}-G_{IS/FS} \tag{3.10}$$

式中，正反应能垒计算采用初始态的吉布斯自由能，逆反应能垒计算采用终态的吉布斯自由能。计算所得 1 123 K、1 173 K 与 1 223 K 正逆向反应的吉布斯自由能垒如图 3-12 所示。

在还原反应中，除 $CaSO_4$（010）表面外层氧含量为 50%的阶段外，其余阶段的正反应自由能垒均小于逆反应能垒，表明正向反应比逆向反应容易进行；$CaSO_4$（010）表面外层氧含量为 100%与 75%的阶段，正反应的吉布斯自由能垒小于逆反应吉布斯自由能垒，且二者相差较小，表明反应平衡向正反应方向少量偏移；$CaSO_4$（010）表面外层氧含量为 25%的阶段，正逆反应的吉布斯自由能垒相差较大，表明该基元反应以正反应为主，反应平衡偏向于正反应的末端。在 $CaSO_4$（010）表面外层氧含量为 50%的阶段，逆向反应比正向反应容易进行。

在分解积碳反应中，随着表面外层氧含量的降低，正向反应的吉布斯自由能垒逐步降低，表明氧含量的降低会使分解积碳反应愈发容易发生。

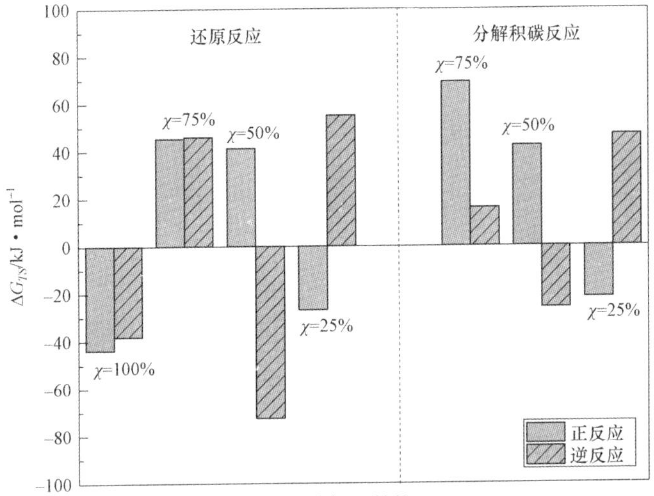

(a) 1 123 K

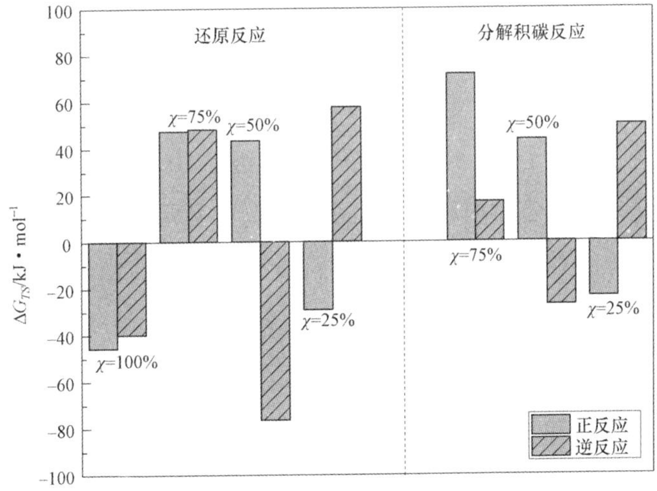

(b) 1 173 K

图 3-12　不同温度下吉布斯自由能垒

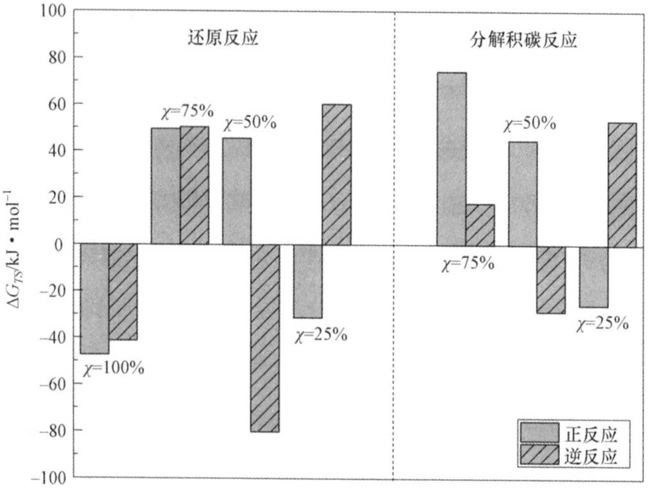

(c) 1 223 K

图 3-12 不同温度下吉布斯自由能垒（续）

在 $CaSO_4$（010）表面外层氧含量为 75%与 50%的阶段，逆向反应的吉布斯自由能垒均小于正向反应，表明这两个阶段的反应平衡偏向于吸附构型；在表面外层氧含量为 25%的阶段，正反应的自由能垒小于逆反应，表明反应平衡偏向于积碳构型。该结论与实验中反应末期发生严重的积碳现象相一致。随着温度的升高，各基元反应吉布斯自由能垒的绝对值均增大，表明温度的升高使容易进行的反应变得愈发容易，较难进行的反应变得愈发困难。

对于正逆反应吉布斯自由能垒符号相同的基元反应，二者的吉布斯自由能垒差值变化较小；对于正逆反应符号不同的基元反应，二者的吉布斯自由能垒差值变化明显，其反应平衡将会随温度的升高向吉布斯自由能垒为负的方向进行偏移。

基于电子能垒与吉布斯自由能垒的讨论定性地表明各基元反应的反应难易程度，而基于经典过渡态理论，可从反应速率、反应半衰期等方面进一步研究该表面反应。

通过式 3.7 与式 3.8 计算得到 1 123 K、1 173 K、1 223 K 三个温度下各基元反应的正逆反应速率常数见表 3-12。在 1 123～1 223 K 的还原反应中，$CaSO_4$（010）表面外层氧含量为 100%阶段正向反应速率常数最大，而在氧含量为 75%的阶段正反应速率常数最小，表明在该温度段内，$CaSO_4$（010）表面外层氧含量为 75%阶段的还原反应为连续性还原过程中正向反应的反应控制性步骤；逆向反应中，$CaSO_4$（010）表面外层氧含量为 75%阶段的反应速率常数最大，表明该步骤对于还原反应的正向进行最为不利，而在氧含量为 25%的阶段反应速率常数最小，表明该阶段为连续性还原过程中逆向反应的控制性步骤。在分解积碳反应中，正向反应速率最快的基元反应出现于 $CaSO_4$（010）表面外层氧含量为 25%阶段，且该阶段逆向反应速率常数最小，表明积碳在该阶段最容易发生。而在其余两个阶段，正反应速率常数均低于逆反应速率常数，因此反应平衡会倾向于吸附构型。随着温度的升高，除 $CaSO_4$（010）表面外层氧含量为 25%阶段分解积碳反应的逆反应外，反应速率常数均在上升，表明温度有利于这些反应的进行；而在 25%阶段的分解积碳逆反应中，随着温度的上升，反应速率常数降低，表明该逆反应愈发不易发生，从而说明温度升高导致该阶段的积碳反应更容易正向进行。该结论也对应了反应末期积碳严重的实验现象。

表 3-12　不同温度下各基元反应的正逆反应速率常数

反应路径	反应阶段	反应方向	1 123 K	1 173 K	1 223 K
还原反应	$\chi=100\%$	正	2.62×10^{15}	2.69×10^{15}	2.75×10^{15}
		逆	1.45×10^{15}	1.49×10^{15}	1.53×10^{15}
	$\chi=75\%$	正	1.84×10^{11}	1.91×10^{11}	1.99×10^{11}
		逆	1.71×10^{11}	1.76×10^{11}	1.82×10^{11}
	$\chi=50\%$	正	2.85×10^{11}	2.90×10^{11}	2.96×10^{11}
		逆	6.03×10^{16}	6.74×10^{16}	7.45×10^{16}
	$\chi=25\%$	正	4.23×10^{14}	4.89×10^{14}	5.58×10^{14}
		逆	6.32×10^{10}	6.50×10^{10}	6.69×10^{10}
分解积碳反应	$\chi=75\%$	正	1.42×10^{10}	1.54×10^{10}	1.71×10^{10}
		逆	4.20×10^{12}	4.28×10^{12}	4.39×10^{12}
	$\chi=50\%$	正	2.53×10^{11}	2.80×10^{11}	3.12×10^{11}
		逆	3.85×10^{14}	4.03×10^{14}	4.21×10^{14}
	$\chi=25\%$	正	2.43×10^{14}	2.83×10^{14}	3.27×10^{14}
		逆	1.57×10^{11}	1.47×10^{11}	1.38×10^{11}

反应的半衰期（harf-life of reaction）为反应物的浓度被消耗至初始值的一半所经历的时间，其通常用来表征化学反应在动力学上进行的难易程度，计算方法如式 3.11 所示。

$$t_{harf} = \frac{\ln 2}{k_{constant}} \tag{3.11}$$

式中，t_{harf} 为反应的半衰期，单位为 s；$k_{constant}$ 为反应速率常数。根据该式，计算所得 1 123 K、1 173 K 与 1 223 K 下各基元反应的正逆反应半衰期见表 3-13。该反应的半衰期最大的数量级在法秒级别，表明在高温下该表面反应速率非常快，在进行微尺度的数值模拟中，可以将反应简化为热力学平衡的形式，耦合流动扩散过程，以此减小计算量。在各基元反应的对比中发现，其规律与反应速率常数的规律保持一致；在还原反应中，

表 3-13　不同温度下各基元反应的正逆反应半衰期

反应路径	反应阶段	反应方向	1 123 K	1 173 K	1 223 K
还原反应	$\chi = 100\%$	正	2.64×10^{-16}	2.58×10^{-16}	2.52×10^{-16}
		逆	4.77×10^{-16}	4.65×10^{-16}	4.53×10^{-16}
	$\chi = 75\%$	正	3.76×10^{-12}	3.64×10^{-12}	3.49×10^{-12}
		逆	4.05×10^{-12}	3.94×10^{-12}	3.80×10^{-12}
	$\chi = 50\%$	正	2.43×10^{-12}	2.39×10^{-12}	2.34×10^{-12}
		逆	1.15×10^{-17}	1.03×10^{-17}	9.31×10^{-18}
	$\chi = 25\%$	正	1.64×10^{-15}	1.42×10^{-15}	1.24×10^{-15}
		逆	1.10×10^{-11}	1.07×10^{-11}	1.04×10^{-11}
分解积碳反应	$\chi = 75\%$	正	4.89×10^{-11}	4.49×10^{-11}	4.05×10^{-11}
		逆	1.65×10^{-13}	1.62×10^{-13}	1.58×10^{-13}
	$\chi = 50\%$	正	2.73×10^{-12}	2.48×10^{-12}	2.22×10^{-12}
		逆	1.80×10^{-15}	1.72×10^{-15}	1.64×10^{-15}
	$\chi = 25\%$	正	2.85×10^{-15}	2.45×10^{-15}	2.12×10^{-15}
		逆	4.41×10^{-12}	4.73×10^{-12}	5.02×10^{-12}

$CaSO_4$（010）表面外层氧含量为 75%阶段半衰期最长，其为正反应的限制性步骤；$CaSO_4$（010）表面外层氧含量为 25%阶段为逆反应的限制性步骤。在分解积碳反应中，$CaSO_4$（010）表面外层氧含量为 25%阶段正反应半衰期最短，逆反应半衰期最长，且该逆反应的半衰期随温度的上升而升高，表明该阶段的积碳反应最容易发生，同时随温度升高，该积碳反应平衡正向偏移。

依据过渡态理论，以 10 K 为温度间隔计算 1 123～1 223 K 温度范围内的反应速率常数，并使用最小二乘法以双参数 Arrhenius 公式（式 3.9）为模型对 $k(T)-T$ 曲线进行拟合，求取各反应阶段动力学参数，其结果见表 3-14。值得注意的是，在分解积碳反应中，$CaSO_4$（010）表面外层氧含量为 25%的阶段，其拟合所得的活化能为负值，这是由于根据过渡态理论求得的反应速率常数随温度上升而降低所致，这表明该基元反应可

表 3-14　基元反应的动力学参数

反应路径	反应阶段	反应方向	A（s^{-1}）	$\Delta E/R$（K）	r^2
还原反应	$\chi=100\%$	正	4.58×10^{15}	626.60	0.999 98
		逆	2.70×10^{15}	697.68	0.999 66
	$\chi=75\%$	正	4.70×10^{15}	1 055.82	0.992 87
		逆	3.65×10^{11}	884.36	0.988 27
	$\chi=50\%$	正	4.55×10^{15}	526.98	0.988 80
		逆	7.94×10^{17}	2 892.60	0.999 89
	$\chi=25\%$	正	1.28×10^{16}	3 832.64	1.000 00
		逆	1.26×10^{11}	776.85	0.998 67
分解积碳反应	$\chi=75\%$	正	1.45×10^{11}	2 621.43	0.994 80
		逆	7.21×10^{12}	609.71	0.994 63
	$\chi=50\%$	正	3.28×10^{12}	2 881.89	0.997 36
		逆	1.16×10^{15}	1 234.71	0.999 56
	$\chi=25\%$	正	9.03×10^{15}	4 060.56	0.999 93

注：其余反应可自发进行。

自发进行。在动力学参数中，由于指前因子与反应活化能具有动力学补偿效应，通常不能仅仅通过二者数值来比较反应进行的难易程度。在还原反应中，$CaSO_4$（010）表面外层氧含量为100%的阶段，正反应的指前因子大于逆反应，而其反应活化能小于逆反应，因此正反应的速率始终大于逆反应，即表明反应易于正向进行；在分解积碳反应中，氧含量为 75%与50%的阶段，逆反应指前因子大于正反应、活化能小于正反应，表明该两个阶段的积碳反应在该阶段不易正向进行。

3.4 CO 与 $CaSO_4$（010）表面反应平衡模拟

前文主要通过表面吸附后基元反应之间的能垒、吉布斯自由能垒、反应速率的差异来对比反应发生的难易程度，而总包反应是各个基元反应相互影响的过程，特别是在化学链燃烧中，还原反应与分解积碳反应呈现明显的竞争关系。因此，本节以整个动力学过程（吸附、反应、脱附）为研究对象，通过化学反应平衡进一步分析总包反应中各基元反应进行的程度，从而更深入地揭示还原反应与分解积碳反应的竞争机理。

3.4.1 反应路径各基元反应的吉布斯自由能变

吉布斯自由能变（gibbs free energy change）常用于判断反应进行的方向，其仅与反应的初始、终止状态有关，计算公式如式（3.12）所示。

$$\Delta G_c = G_{FS} - G_{IS} \tag{3.12}$$

式中，ΔG_c 为基元反应的吉布斯自由能变，单位为 kJ/mol；G_{FS}、G_{IS} 分为基元反应终态、初始态的吉布斯自由能，单位为 kJ/mol。在 1 123 K、1 173 K、1 223 K 温度下整个反应进程中各基元反应的吉布斯自由能变见表 3-15。

表 3-15　各基元反应的吉布斯自由能变

反应阶段	反应步骤	1 123 K	1 173 K	1 223 K
$\chi=100\%$	CO 吸附	157.80	164.49	171.15
	还原反应	−5.65	−5.88	−6.11
	CO_2 脱附	−140.05	−145.68	−151.25
$\chi=75\%$	CO 吸附	135.46	140.88	146.29
	还原反应	−0.63	−0.74	−0.84
	CO_2 脱附	−114.77	−119.04	−123.30
	分解积碳	53.12	54.84	56.37
$\chi=50\%$	CO 吸附	157.20	163.51	169.79
	还原反应	113.86	119.84	125.70
	CO_2 脱附	−204.43	−213.65	−222.72
	分解积碳	68.43	70.95	73.32
$\chi=25\%$	CO 吸附	175.20	183.30	191.35
	还原反应	−81.98	−86.77	−91.52
	CO_2 脱附	−80.04	−83.07	−86.07
	分解积碳	−68.59	−73.81	−79.04

根据吉布斯自由能变的计算结果，各个不同 $CaSO_4$（010）表面外层氧含量阶段吉布斯自由能变均大于 0，且其数据均大于 100 kJ/mol，表明反应不易正向进行，即说明 CO 在高温下、在各个阶段均不易吸附于表面；随着温度的上升，各吸附反应的吉布斯自由能变均增大，表明其吸附能力下降，该现象是物理吸附的特征，其与吸附计算中所得到的物理吸附的结论保持一致。各个阶段反应后的 CO_2 脱附过程吉布斯自由能均小于 0，表明这些过程极易正向进行，即 CO_2 极易从反应后的表面脱附；随着温度的升高，CO_2 脱附过程的吉布斯自由能变持续降低，表明 CO_2 愈发容易脱附。对于还原反应过程，除氧含量为 50%的阶段外，其余氧含量阶段的吉布斯自由能变均小于 0，表明反应容易向正向进行；而在氧含量为 50%的阶段，其还原反应的吉布斯自由能变大于 0，表明该阶段的表面反应不易正向进行；随着温度的升高，$CaSO_4$（010）表面外层氧含量 100%、75%、

25%阶段的反应愈发容易进行，而 50%的阶段较难进行。但此处不易进行并不代表其不会进行反应，通过调配反应中各物质的比例可使反应进行，例如 673 K 下的合成氨反应。而在分解积碳反应过程中，75%与 50%阶段的吉布斯自由能变大于 0，且随着温度的升高增大，表明在该两个阶段积碳反应较难发生；在 25%的阶段，分解积碳反应的吉布斯自由能变小于 0，且随着温度的升高，吉布斯自由能的值降低，表明该进程愈发容易进行。

3.4.2 反应路径各基元反应的反应平衡常数

根据吉布斯自由能变可以求取各温度下各个阶段各反应的化学平衡常数，该数值表示在平衡状态下生成物浓度与反应物浓度的比值，其计算式如式（3.13）所示。

$$K_{eq} = \exp\left(-\frac{\Delta G_c}{RT}\right) \tag{3.13}$$

式中，K_{eq} 为化学平衡常数；ΔG_c 为吉布斯自由能变，单位为 J/mol；R 为理想气体常数，其值为 8.314 J/（mol • K）；T 为温度，单位为 K。1 123 K、1 173 K、1 223 K 温度下计算所得的各阶段各基元反应的化学平衡常数见表 3-16。

表 3-16　各基元反应的化学平衡常数

反应阶段	反应步骤	1 123 K	1 173 K	1 223 K
$\chi=100\%$	CO 吸附	4.58×10^{-8}	4.74×10^{-8}	4.90×10^{-8}
	还原反应	1.83	1.83	1.82
	CO_2 脱附	3.27×10^{6}	3.07×10^{6}	2.88×10^{6}
$\chi=75\%$	CO 吸附	5.01×10^{-7}	5.33×10^{-7}	5.65×10^{-7}
	还原反应	1.07	1.08	1.08
	CO_2 脱附	2.18×10^{5}	2.00×10^{5}	1.84×10^{5}
	分解积碳	3.38×10^{-3}	3.61×10^{-3}	3.91×10^{-3}
$\chi=50\%$	CO 吸附	4.88×10^{-8}	5.23×10^{-8}	5.60×10^{-8}
	还原反应	5.06×10^{-6}	4.61×10^{-6}	4.28×10^{-6}

续表

反应阶段	反应步骤	1 123 K	1 173 K	1 223 K
$\chi=50\%$	CO_2脱附	3.22×10^{9}	3.26×10^{9}	3.25×10^{9}
	分解积碳	6.56×10^{-4}	6.92×10^{-4}	7.39×10^{-4}
$\chi=25\%$	CO 吸附	7.09×10^{-9}	6.87×10^{-9}	6.72×10^{-9}
	还原反应	6.50×10^{3}	7.31×10^{3}	8.11×10^{3}
	CO_2脱附	5.28×10^{3}	5.00×10^{3}	4.74×10^{3}
	分解积碳	1.55×10^{3}	1.94×10^{3}	2.37×10^{3}

根据化学平衡常数的计算结果可知，CO 吸附进程的平衡常数非常低，表明 CO 较难吸附于载氧体表面；随着温度的上升，除 $CaSO_4$（010）表面外层氧含量为 25%的阶段外，其余阶段的化学平衡常数均有所上升，表明吸附向正向进行略微偏移；而在氧含量为 25%的阶段，吸附向逆向反应轻微偏移。在还原反应阶段，$CaSO_4$（010）表面外层氧含量为 100%、75%、50%的阶段，化学平衡常数变化非常小，100%与 50%化学平衡常数略微减小，表明反应略微逆向偏移；氧含量为 75%与 25%的阶段，还原反应平衡向正向偏移，25%阶段的偏移量较大。在脱附反应阶段，其化学平衡常数数值较大，表明还原反应生成的 CO_2 非常容易从表面脱附；随着温度的上升，$CaSO_4$（010）表面外层氧含量为 100%、75%与 25%阶段化学平衡常数降低，表明其温度升高对 CO_2 脱附正向进行不利；而在氧含量为 50%的阶段，化学平衡常数先增加后降低，表明在 1 123～1 223 K 温度范围内出现了该阶段脱附进程的最大化学平衡常数点，在该点处 CO_2 最容易从反应后的表面脱附。在分解积碳进程中，$CaSO_4$（010）表面外层氧含量为 75%与 50%的阶段化学平衡常数较小，表明这两个阶段的分解积碳反应向吸附阶段偏移，即其不易正向进行；在氧含量为 25%的阶段，化学平衡常数较大，其表明在该阶段反应很容易正向进行，分解积碳反应极易发生；随着温度的升

高，三个阶段的化学平衡常数均增大，其表明温度的升高导致分解积碳反应愈发容易进行，但氧含量为 75%与 50%的阶段化学平衡常数数值仍较小，且随温度增长幅度也很小，该两个阶段分解积碳反应的进行也极为有限。

3.4.3 温度对反应平衡的影响

由于各基元反应的进行会导致反应中各物质浓度的改变，从而影响其他基元反应的进行，因此需要通过化学反应平衡的计算来考量各基元反应的进行程度及反应中各物质的变化情况。CO 与 $CaSO_4$ 载氧体的反应包含连续性还原过程的链式反应与分支的分解积碳反应，其整体的反应流程如图 3-13 所示。

根据反应的流程，反应中各物质的平衡关系可用非线性方程组表述。对于吸附进程，四个阶段的吸附平衡关系如式（3.14）所示。

$$\begin{cases}\dfrac{[\mathrm{AD1}]}{[\mathrm{CO}]\cdot[\mathrm{Surface}_{100\%}]}=K_{eq\_\mathrm{AD1}}\\ \dfrac{[\mathrm{AD2}]}{[\mathrm{CO}]\cdot[\mathrm{Surface}_{75\%}]}=K_{eq\_\mathrm{AD2}}\\ \dfrac{[\mathrm{AD3}]}{[\mathrm{CO}]\cdot[\mathrm{Surface}_{50\%}]}=K_{eq\_\mathrm{AD3}}\\ \dfrac{[\mathrm{AD4}]}{[\mathrm{CO}]\cdot[\mathrm{Surface}_{25\%}]}=K_{eq\_\mathrm{AD4}}\end{cases} \tag{3.14}$$

式中，［AD1］、［AD2］、［AD3］与［AD4］分别为 CO 吸附于四个阶段表面所形成中间体的相对摩尔浓度；［CO］为 CO 的相对摩尔浓度；［$\mathrm{Surface}_{100\%}$］、［$\mathrm{Surface}_{75\%}$］、［$\mathrm{Surface}_{50\%}$］与［$\mathrm{Surface}_{25\%}$］分别为不同表面氧含量的载氧体的相对摩尔浓度；K_{eq_AD1}、K_{eq_AD2}、K_{eq_AD3} 与 K_{eq_AD4} 分别为四个阶段吸附进程的化学平衡常数。对于还原反应进程，四个阶段的平衡关系如式（3.15）所示。

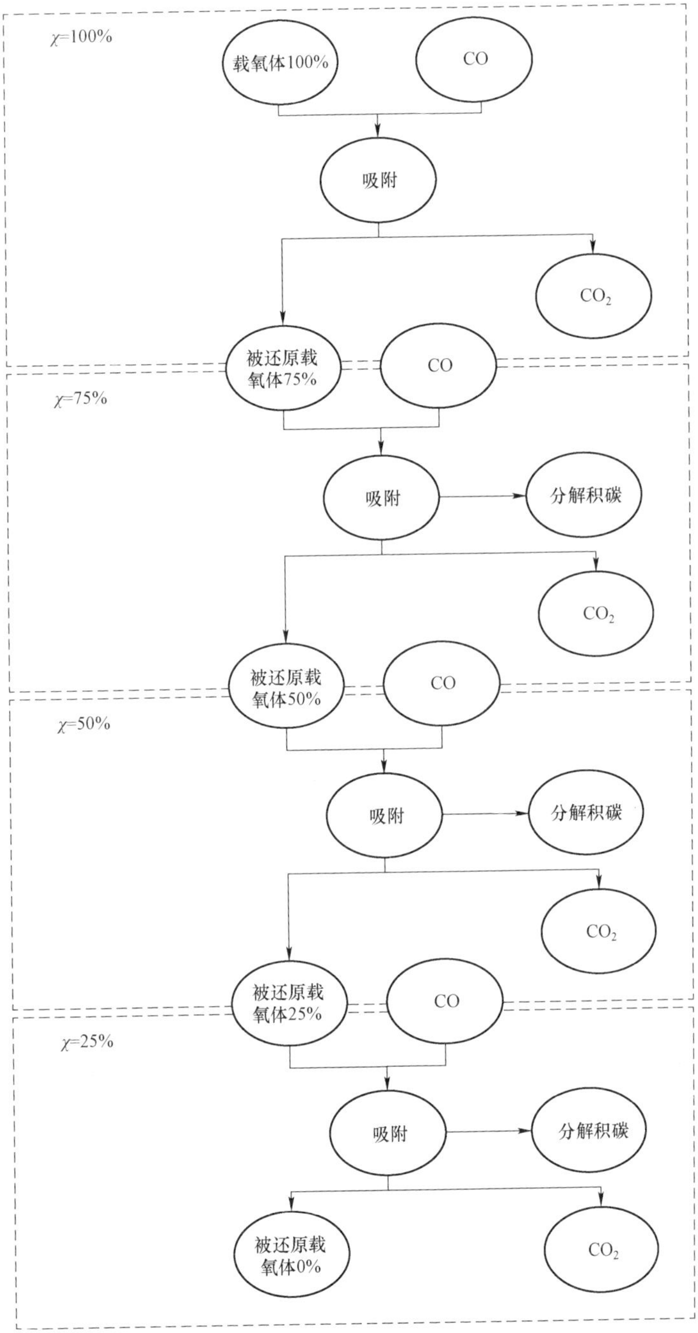

图 3-13　还原反应与分解积碳反应的耦合进程

$$\begin{cases}\dfrac{[\mathrm{DE}1]}{[\mathrm{AD}1]}=K_{eq\_\mathrm{Re}1}\\ \dfrac{[\mathrm{DE}2]}{[\mathrm{AD}2]}=K_{eq\_\mathrm{Re}2}\\ \dfrac{[\mathrm{DE}3]}{[\mathrm{AD}3]}=K_{eq\_\mathrm{Re}3}\\ \dfrac{[\mathrm{DE}4]}{[\mathrm{AD}4]}=K_{eq\_\mathrm{Re}4}\end{cases} \tag{3.15}$$

式中，［DE1］、［DE2］、［DE3］与［DE4］分别为CO在四个阶段的表面进行还原反应后形成的CO_2吸附于被还原表面上的中间体相对摩尔浓度；K_{eq_Re1}、K_{eq_Re2}、K_{eq_Re3}与K_{eq_Re4}分别为四个阶段还原反应的化学平衡常数。在CO_2脱附过程中，其平衡关系如式（3.16）所示。

$$\begin{cases}\dfrac{[\mathrm{CO_2}]\cdot[\mathrm{Surface}_{75\%}]}{[\mathrm{DE}1]}=K_{eq\_\mathrm{De}1}\\ \dfrac{[\mathrm{CO_2}]\cdot[\mathrm{Surface}_{50\%}]}{[\mathrm{DE}2]}=K_{eq\_\mathrm{De}2}\\ \dfrac{[\mathrm{CO_2}]\cdot[\mathrm{Surface}_{25\%}]}{[\mathrm{DE}3]}=K_{eq\_\mathrm{De}3}\\ \dfrac{[\mathrm{CO_2}]\cdot[\mathrm{Surface}_{0\%}]}{[\mathrm{DE}4]}=K_{eq\_\mathrm{De}4}\end{cases} \tag{3.16}$$

式中，［CO_2］为CO_2的相对摩尔浓度；［$\mathrm{Surface}_{0\%}$］为完全还原的$CaSO_4$载氧体的相对摩尔浓度；K_{eq_De1}、K_{eq_De2}、K_{eq_De3}与K_{eq_De4}为四个阶段脱附过程中的化学平衡常数。除还原反应外，分解积碳反应的平衡关系如式（3.17）所示。

$$\begin{cases}\dfrac{[\mathrm{CD}2]}{[\mathrm{AD}2]}=K_{eq\_\mathrm{CD}2}\\ \dfrac{[\mathrm{CD}3]}{[\mathrm{AD}3]}=K_{eq\_\mathrm{CD}3}\\ \dfrac{[\mathrm{CD}4]}{[\mathrm{AD}4]}=K_{eq\_\mathrm{CD}4}\end{cases} \tag{3.17}$$

式中，［CD2］、［CD3］与［CD4］分别为表面氧含量为 75%、50%与

25%阶段所形成积碳中间体的相对摩尔浓度；K_{eq_CD2}、K_{eq_CD3} 与 K_{eq_CD4} 分别为该三阶段的化学平衡常数。联立式 3.14、式 3.15、式 3.16、式 3.17，同时考虑 C、Ca、O 物质浓度守恒，其构成了线性方程组，通过牛顿-拉夫森（Newton-Raphson）算法进行迭代求解，其迭代方法如式（3.18）所示。

$$x_{n+1} = x_n - \frac{f(x_n)}{J(x_n)} \tag{3.18}$$

式中，x_n 为当前解；x_{n+1} 为迭代新解；$f(x_n)$ 为当前的非线性方程组的值；$J(x_n)$ 为非线性方程组的当前雅克比（Jacobian）矩阵值。通过迭代，当非线性方程组的最大值小于 1×10^{-12} 或新解与当前解差距的最大值小于 1×10^{-12} 时迭代收敛。该过程采用 Julia Lang 1.4.2[202]进行编程求解，在 1 123 K、1 173 K、1 223 K 三个温度下，CO 与 $CaSO_4$ 载氧体的初始浓度均为 100 的情况下，求解结果见表 3-17。

表 3-17　不同温度下反应中各物质相对浓度变化

物质相对浓度	1 123 K	1 173 K	1 223 K
[CO]	61.06	61.43	61.82
[CO_2]	38.94	38.57	38.18
[$Surface_{100\%}$]	66.29	66.62	66.95
[$Surface_{75\%}$]	28.48	28.20	27.92
[$Surface_{50\%}$]	5.21	5.16	5.12
[$Surface_{25\%}$]	6.50×10^{-3}	6.48×10^{-3}	6.46×10^{-3}
[$Surface_{0\%}$]	2.49×10^{-3}	2.59×10^{-3}	2.70×10^{-3}
[AD1]	1.85×10^{-4}	1.94×10^{-4}	2.03×10^{-4}
[AD2]	8.71×10^{-4}	9.24×10^{-4}	9.75×10^{-4}
[AD3]	1.55×10^{-5}	1.66×10^{-5}	1.77×10^{-5}
[AD4]	2.82×10^{-9}	2.74×10^{-9}	2.68×10^{-9}
[DE1]	3.39×10^{-4}	3.54×10^{-4}	3.70×10^{-4}
[DE2]	9.32×10^{-4}	9.96×10^{-4}	1.06×10^{-3}

续表

物质相对浓度	1 123 K	1 173 K	1 223 K
[DE3]	7.85×10^{-11}	7.65×10^{-11}	7.58×10^{-11}
[DE4]	1.83×10^{-5}	2.00×10^{-5}	2.18×10^{-5}
[CD2]	2.95×10^{-6}	3.34×10^{-6}	3.81×10^{-6}
[CD3]	1.02×10^{-8}	1.15×10^{-8}	1.31×10^{-8}
[CD4]	4.36×10^{-6}	5.29×10^{-6}	6.38×10^{-6}

在假设CO与$CaSO_4$载氧体可以充分接触的前提下，根据CO与$CaSO_4$摩尔比为 1∶1 的反应平衡模拟结果可知，CO 在反应中的转化率较低，仅有 38%左右的 CO 转化为 CO_2。随着温度的上升，CO 的转化率有一定程度的下降，该现象符合放热反应的特征。对于各个表面而言，表面还原程度越深，其在平衡后的含量越低；在温度升高后，反应逆向偏移导致100%氧含量的表面相对浓度上升，从而致使 75%～25%氧含量的表面相对浓度降低，完全被还原的表面由于脱附构型 DE4 相对浓度的上升，导致其相对浓度有所升高。吸附构型 AD、脱附构型 DE 与积碳构型 CD 的相对浓度均较小，表明 CO 与 CO_2 吸附于表面而形成的中间体在平衡中比例较小，其较难稳定存在，易于反应形成其他物质；而积碳构型虽然占比仍很小，但随着反应器中的持续反应，形成积碳的表面比例会持续增加。随着温度的升高，四个阶段 CO 吸附构型的相对浓度除氧含量为 25%的阶段外均在增加，而 25%的阶段 CO 吸附构型的相对浓度降低。在脱附阶段中，四个阶段 CO_2 吸附构型相对浓度除氧含量为 50%的阶段外均在增加，仅 50%的阶段出现降低趋势，该现象与基元反应的化学平衡常数的变化规律相一致。在 50%的阶段还原反应化学平衡常数较低，表明化学平衡限制，导致该阶段的还原反应逆向偏移。对于积碳构型而言，在 $CaSO_4$（010）表面外层氧含量为 25%的阶段积碳情况最为严重，该计算结果对应了实验中反应末期积碳现象加剧的实验现象；随着温度的升高，三个积碳构型的相对浓度升高，这是由于分解积碳反应为吸热反应所造成的，该

结果表明温度的升高会加重积碳现象的发生。同时，在 $CaSO_4$ 载氧体被还原程度较深的阶段，积碳构型的增长幅度最大，表明载氧体大量被还原后的阶段最易发生分解积碳反应，造成 CO 的转化不完全，从而导致碳捕集率的下降。

3.4.4　反应物初始浓度对反应平衡的影响

反应物初始浓度对整个反应的进行有较大影响，因此本节通过 1 173 K 下 CO 与 $CaSO_4$（010）表面相对摩尔浓度比为 4∶1、2∶1、1∶1、1∶2 与 1∶4 五种情况下的平衡模拟，进一步研究 CO 与 $CaSO_4$ 载氧体的反应机理。模拟中 CO 的相对摩尔浓度为定值 100，通过改变 $CaSO_4$（010）表面的浓度实现不同的浓度比，该方法便于比较各浓度间 CO 的还原转化率与积碳情况。计算结果见表 3-18。

表 3-18　不同摩尔比反应中各物质相对浓度变化

物质相对浓度	4∶1	2∶1	1∶1	1∶2	1∶4
[CO]	79.96	71.58	61.43	49.84	37.63
[CO_2]	20.04	28.42	38.57	50.16	62.36
[$Surface_{100\%}$]	9.80	26.82	66.62	154.52	341.44
[$Surface_{75\%}$]	10.40	17.96	28.20	40.81	54.76
[$Surface_{50\%}$]	4.77	5.20	5.16	4.66	3.80
[$Surface_{25\%}$]	1.50×10^{-2}	1.03×10^{-2}	6.48×10^{-3}	3.65×10^{-3}	1.80×10^{-3}
[$Surface_{0\%}$]	1.50×10^{-2}	6.53×10^{-3}	2.59×10^{-3}	9.12×10^{-4}	2.74×10^{-4}
[AD1]	3.71×10^{-5}	9.09×10^{-5}	1.94×10^{-4}	3.65×10^{-4}	6.08×10^{-4}
[AD2]	4.43×10^{-4}	6.85×10^{-4}	9.24×10^{-4}	1.08×10^{-3}	1.10×10^{-3}
[AD3]	2.00×10^{-5}	1.95×10^{-5}	1.66×10^{-5}	1.22×10^{-5}	7.48×10^{-6}
[AD4]	8.24×10^{-9}	5.08×10^{-9}	2.74×10^{-9}	1.25×10^{-9}	4.67×10^{-10}
[DE1]	6.79×10^{-5}	1.66×10^{-4}	3.54×10^{-4}	6.67×10^{-4}	1.11×10^{-3}
[DE2]	4.78×10^{-4}	7.39×10^{-4}	9.96×10^{-4}	1.17×10^{-3}	1.18×10^{-3}
[DE3]	9.20×10^{-11}	8.98×10^{-11}	7.65×10^{-11}	5.61×10^{-11}	3.45×10^{-11}
[DE4]	6.02×10^{-5}	3.71×10^{-5}	2.00×10^{-5}	9.14×10^{-6}	3.41×10^{-6}
[CD2]	1.60×10^{-6}	2.48×10^{-6}	3.34×10^{-6}	3.92×10^{-6}	3.97×10^{-6}
[CD3]	1.38×10^{-8}	1.35×10^{-8}	1.15×10^{-8}	8.42×10^{-9}	5.18×10^{-9}
[CD4]	1.59×10^{-5}	9.82×10^{-6}	5.29×10^{-6}	2.42×10^{-6}	9.03×10^{-7}

根据计算结果，随着 $CaSO_4$ 载氧体比例的升高，CO 的转化率升高，$CaSO_4$ 的消耗量也有所升高，同时产生了更多的 CO_2。在 $CaSO_4$（010）表面外层氧含量为 100%与 75%的阶段，CO 吸附态 AD 与 CO_2 脱附态 DE 的含量随初始 $CaSO_4$ 含量的上升而上升，表明该阶段表面吸附 CO 的能力上升，而经过表面反应生成的 CO_2 不易从被还原的表面脱附。在 $CaSO_4$ 表面外层氧含量为 50%与 25%阶段表现了与前两个阶段不同的性质，该两个阶段的 CO 吸附态 AD 与 CO_2 脱附态 DE 随着初始 $CaSO_4$ 含量的升高而降低。表明初始 $CaSO_4$ 含量的上升所导致的 CO 吸附态平衡浓度的增长，低于 CO 反应成 CO_2 的消耗量，而 CO_2 的脱附量增长高于 CO_2 吸附态的生成量。对于积碳构型而言，在 $CaSO_4$（010）表面外层氧含量为 75%的阶段，该阶段的积碳构型含量随着初始 $CaSO_4$ 含量的升高而上升，这是 CO 吸附构型与 CO_2 脱附构型的积聚而造成的；在 50%与 25%的阶段，该阶段的积碳构型含量随着初始 $CaSO_4$ 含量的升高而降低，表明 $CaSO_4$ 的含量增多后，CO 的转化倾向于氧化为 CO_2 并脱附的方向。五种 $CO/CaSO_4$ 比中，积碳构型的总含量分别为 1.75×10^{-5}、1.23×10^{-5}、8.64×10^{-6}、6.35×10^{-6} 与 4.88×10^{-6}，在 $CaSO_4$ 不足的情况下，积碳构型的总含量最高，且 25%阶段积碳构型含量的贡献度最高。在实验中的反应末期，$CaSO_4$ 的含量较低，且表面外层氧含量也较低，因此导致了积碳构型的增加，从而在该阶段出现了积碳加重的表观实验现象。值得注意的是，在模拟中的积碳构型相对含量较低，这是由于模拟在 CO 与 $CaSO_4$ 充分接触的假设条件下进行而造成的。在实际的反应中，比表面积较低的 $CaSO_4$ 载氧体颗粒的晶格氧不易传输至表面，减弱了还原反应的进行，从而造成了更加严重的积碳现象。

3.5 本章小结

在本章，我们针对以 $CaSO_4$ 为载氧体的化学链燃烧气固异相还原反应机理进行了研究，以 CO 作为典型气体燃料，使用第一性原理研究了包括异相吸附、表面反应的动力学过程反应机理，并使用波函数分析、经典过渡态理论、热力学平衡等方法进行了深入的分析，揭示了 $CaSO_4$ 载氧体的化学链燃烧实验中所出现的反应末期反应性能急剧下降与积碳现象加剧等实验现象的实质。本章研究得到的主要结论有以下几点：

（1）CO 物理吸附于 $CaSO_4$（010）表面及其被还原表面，且各阶段最稳定构型的吸附能分别为 −32.82 kJ/mol、−32.13 kJ/mol、−40.45 kJ/mol、−44.25 kJ/mol 与 −6.8 kJ/mol。

（2）能量分解结果表明，在 $CaSO_4$（010）表面外层氧含量为 100%～50%的阶段，CO 与表面的吸引作用主要是静电作用；而在 25%的阶段，CO 与表面的吸引作用主要是静电作用与 London 色散作用。CO 与表面相互作用的主要机理属于弱相互作用。

（3）各吸附阶段中，CO 与表面的电子转移均小于 0.1 e，其中 50%_2 阶段电子转移量最多；$CaSO_4$（010）表面外层氧含量为 100%的阶段 CO 失去电子，其余阶段 CO 得到电子。

（4）AIM 分析结果表明在 $CaSO_4$（010）表面外层氧含量为 100%～50%的阶段，CO 与表面为纯闭壳作用，且以 Ca-C 作用为主。IGM 分析进一步证明了该结论，且确定了各个阶段的弱相互作用区域。

（5）吸附能力较弱是 $CaSO_4$ 载氧体反应性能较弱的主要原因之一；表面氧含量 25%阶段的吸附能力最弱，其为实验中反应末期反应性能大幅下降的主要原因。

（6）在表面反应中，还原反应的正向能垒低于逆向能垒；分解积碳反应中正向反应的能垒高于逆向反应，且随着氧含量的降低，逆向能垒逐步升高，积碳分解的逆反应愈发不容易进行。

（7）动力学分析结果表明，在还原反应中，$CaSO_4$（010）表面外层氧含量为 75%的阶段为正反应的限制性步骤，$CaSO_4$（010）表面外层氧含量为 25%阶段为逆反应的限制性步骤；在分解积碳反应阶段，$CaSO_4$

（010）表面外层氧含量为 25%阶段积碳反应最容易发生，同时随温度升高，该积碳反应平衡正向偏移。

（8）反应平衡模拟结果表明，温度的上升会降低 CO 氧化为 CO_2 的转化率，而增加分解积碳反应的转化率；载氧体比例的增加使 CO 氧化为 CO_2 的转化率升高，降低积碳反应的发生；而载氧体不足或大量被还原后的阶段最易发生分解积碳反应，造成 CO 的转化不完全，从而导致碳捕集率的下降。

（9）多种机理研究获得的结论完全吻合、相互支撑。并进一步得到 $CaSO_4$ 载氧体的改性方向为提高吸附能力，以增强还原反应效率；在工程应用中应增加 $CaSO_4$ 载氧体的比例，提高 $CaSO_4$ 载氧体/燃料比，以减少积碳的发生。

第4章

焦炭分子与$CaSO_4$载氧体的相互作用机理

4.1 本章引言

在固体燃料化学链燃烧中，固体燃料在燃料反应器中首先发生热解反应产生挥发分和焦炭。在燃料反应器的反应进程中，载氧体除与挥发分进行气固异相反应外，还会与焦炭进行固固均相反应。虽然固固反应的反应速率较慢，但其仍然为整个反应中的重要环节。本章通过半经验紧缚型量子化学方法（semi-empirical tight binding quantum chemical method）对该固固反应结合过程的相互作用机理进行研究。

半经验紧缚型量子化学方法类似于半经验量子化学方法（semi-empirical quantum chemistry，SQM）与密度泛函紧缚型方法（density functional tight bingding，DFTB），其主要用于大体系的量子化学计算。本章采用的半经验紧缚型量子化学方法为 GFN-xTB（geometries，vibrational frequencies，and noncovalent interaction-expended tight binding）[203]，其计算精度要高于现今 SQM 方法；并且该方法使用 Slater 函数作为基组（Slater 函数为标准的原始 Gaussian 函数的压缩近似），避免了重原子的反物理现象；同时由于该方法保持了较少的参数，避免了DFTB方法所需要的对势，涵盖了元素周期表1～86号元素，提高了适用性。

在本章，我们将采用GFN-xTB方法，对焦炭探针分子与$CaSO_4$（010）载氧体的结合构型进行计算，并对其稳定结合的构型进行进一步的波函数分析，同时与如$CaSO_4$（100）、$CaSO_4$（001）常见晶面的结合构型进行对比分析，旨在为$CaSO_4$载氧体的改进与进一步工业应用提供理论基础。

4.2 计算模型与方法

4.2.1 团簇模型

计算所需的载氧体模型采用$CaSO_4$团簇模型，其以实验所测的$CaSO_4$晶体为基础切，割2层$CaSO_4$（010）表面，并对其拓展为4×3×1的超胞后，在该表面提取包含288个原子的团簇作为反应区域。在构型优化弛豫过程中，该团簇的第二层和边界均进行固定，用以体现固体特性。在优化结束后，表面的S-O键的长度为1.457～1.466 Å，该值与文献中的实验数据保持一致，该优化后的构型如图4-1（a）所示。

在不同$CaSO_4$表面的结合构型对比分析中，采用相同方法构建暴露$CaSO_4$（100）、$CaSO_4$（001）表面的团簇，所拓展超胞分别为4×6×1与3×4×1，团簇所包含的原子数均为288个，其构型分别如图4-1（b）、图4-1（c）所示。

4.2.2 焦炭模型

根据核磁共振（nuclear magnetic resonance，NMR）实验结果，焦炭

为 3～7 个苯环所组成的芳香环化合物，其包含 12～27 的碳原子。依据高分辨率透射显微镜（high resolution transmission electron microscope，HRTEM），采用 Finger3D 技术所得的焦炭模型中，选取 5 个苯环（30 个碳原子）所组成的焦炭模型作为探针分子模型，用于结合过程的研究。通过优化，该模型的 C-C 键长度为 1.382～1.413 Å，其与文献中的数据保持一致，该模型的构型如图 4-1（d）所示。

(a) CaSO$_4$ (010) 团簇　　　　　　　　(b) CaSO$_4$ (100) 团簇

(c) CaSO$_4$ (001) 团簇　　　　　　　　(d) 焦炭构型

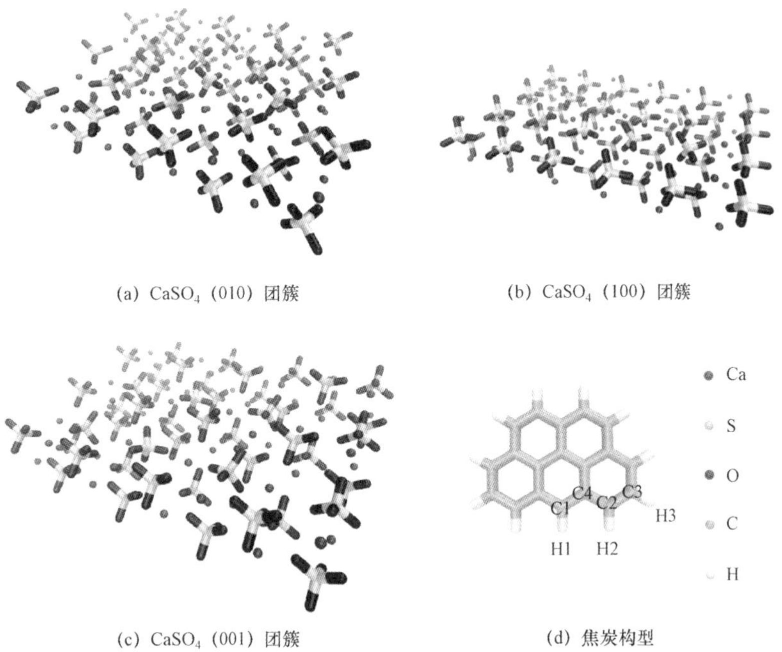

图 4-1　反应物构型图

4.2.3　计算方法

本章所有计算均使用 xTB 程序进行。焦炭分子、CaSO$_4$ 团簇模型以及二者结合构型的优化与波函数均在 GFN-xTB 水平上进行计算。同时，使用 D4 方法[204]进行色散修正，用以考虑弱相互作用。自洽电荷（self-consistent charge，SCC）与波函数分别收敛于 1×10^{-6} Ha 与 1×10^{-4} e，

构型优化中的能量变化与最大受力变化分别收敛于 5×10^{-6} Ha 与 1×10^{-3} Å，整体的截断与忽略值分别为 25.0 与 1×10^{-8}。构型优化求解器采用近似法向坐标有理函数优化器（approximate normal coordinate rational function optimizer，ANCopt）。为了获取结合构型最稳定的结构，在 GFN0-xTB 水平下，采用动力学模拟以获取焦炭探针分子在载氧体团簇表面上的运动轨迹，并对该轨迹的每一帧进行结构优化与筛选，得到稳定结合构型。对最稳定的结合构型采用波函数分析，用于揭示电子层面上焦炭探针分子与 $CaSO_4$ 团簇的结合机理。在计算与分析过程中，构型搜索过程采用 CREST 与 MOLCLUS 软件包进行，波函数分析采用 Multiwfn 软件包，各构型的显示采用 VMD 软件进行渲染。

4.3 焦炭分子在 $CaSO_4$（010）表面的结合特性

4.3.1 结合构型与相互作用能

焦炭探针分子在 $CaSO_4$（010）表面的结合构型中最稳定的结构如图 4-2 所示。相较于结合前的结构，焦炭分子与 $CaSO_4$（010）表面团簇的构型变化较小。在焦炭探针分子的原始构型中，C1-C4、C2-C4 与 C2-C3 的键长分别为 1.404 Å、1.413 Å 与 1.382 Å，C1-H1、C2-H2 与 C3-H3 的键长分别为 1.085 Å、1.084 Å 与 1.085 Å；当焦炭分子结合于 $CaSO_4$（010）表面团簇后，C1-C4、C2-C4、C2-C3、C1-H1、C2-H2 与 C3-H3 的键长分别改变至 1.403 Å、1.414 Å、1.382 Å、1.082 Å、1.085 Å 与 1.086 Å。而在 $CaSO_4$（010）团簇构型中，反应区域的 S-O 键长分别从初始构型中的 1.457 Å、1.459 Å 与 1.466 Å 改变至结合后的 1.458 Å、1.459 Å 与 1.467 Å。由此可知，焦炭探针分子与 $CaSO_4$（010）表面团簇结合后反应区域的键长几乎不发生变化，表明结合过程很难使二者发生形变，因此该相互作用体系可以被认定为两个刚性体系的结合。在未来的量子化学计算或分子动力模拟中，可以考虑以刚性体系的形式固定各部分的键长，从而在保证精度的前提下极大地减少计算成本。

图 4-2　焦炭探针分子在 $CaSO_4$（010）团簇上的结合构型

由于焦炭探针分子与 $CaSO_4$（010）表面团簇的形变很小，且二者结合过程所引起的相互作用是本章节重点探讨内容，因此，在二者结合能的计算中忽略两个构型从孤立态至结合态变化过程中形变的影响，只考虑结合态中二者的相互作用部分，该相互作用即为结合能（binding energy），其计算公式如式 4.1 所示。

$$E_b = E_{total} - E_{char,\ fragment} - E_{CaSO_4,\ fragment} \tag{4.1}$$

式中，E_b 为焦炭探针分子与 $CaSO_4$（010）表面团簇上的结合能，kJ/mol；E_{total} 为结合体系的总能，kJ/mol；$E_{char,fragment}$ 与 $E_{CaSO_4,fragment}$ 分别为相互作用体系中焦炭探针分子片段与 $CaSO_4$（010）表面团簇片段的能量，kJ/mol。在该公式中，若所计算的 E_b 值为正，则表明该结合过程是吸热反应；若 E_b 值为负，则表明该结合过程为放热反应，且该结合体系较为稳定。该体系的结合能计算结果见表 4-1，为了进一步分析相互作用形式，表中列出了该结合能的能量分解结果。

表 4-1　焦炭-$CaSO_4$（010）体系的相互作用能与能量分解

种类	数值/（kJ/mol）
自洽电荷作用（不包含静电作用）	−12.56（16.23%）
静电作用	20.20
交换互斥作用	9.81
色散作用	−64.83（83.77%）
结合能	−47.37

注：括号中的百分值为该作用对总吸引作用的贡献度。

该结果表明，焦炭探针分子在 $CaSO_4$（010）表面团簇上的结合过程为放热反应。根据相互作用能量分解结果可知，London 色散作用在该结合过程中起决定性作用，其导致焦炭探针分子与 $CaSO_4$（010）表面团簇更加紧密的结合。静电作用能为正，表明该作用使二者排斥；而包含静电作用的自洽电荷作用能值为 7.64 kJ/mol，其亦表现为排斥作用。由于范德华作用为交换互斥作用与色散作用的总和，其值为−54.86 kJ/mol，该结果表明焦炭探针分子与 $CaSO_4$（010）表面团簇的结合主要通过范德华作用相互吸引，且该吸引作用主要来源于色散作用。因此焦炭探针分子在 $CaSO_4$（010）表面团簇的结合是物理结合过程，二者的结合由弱相互作用主导。

4.3.2　电子密度拓扑分析

基于 AIM 理论所得的焦炭在 $CaSO_4$（010）表面团簇上结合构型的电子密度拓扑分析结果如图 4-3 所示。在不包含构型的拓扑图中，列出了所有的临界点。其中，暗色点为（3，−3）临界点；键上的点为（3，−1）临界点，其为键临界点（BCP）；平面中心点为（3，+1）临界点；笼中心点为（3，+3）临界点。同时，暗色点的连线为键径。在结合体系中，焦炭探针分子的底层五个 H 原子与 $CaSO_4$（010）团簇的 O 原子之间存在键径，且存在（3，−1）临界点与（3，+1）临界点，其表明二者有明显的相互作用，该相互作用可能为氢键。为了深入了解二者的作用形式，采用焦炭与团簇之间键临界点的电子密度及其拉普拉斯值进一步分析该相互作用的作用形式，其结果见表 4-2。

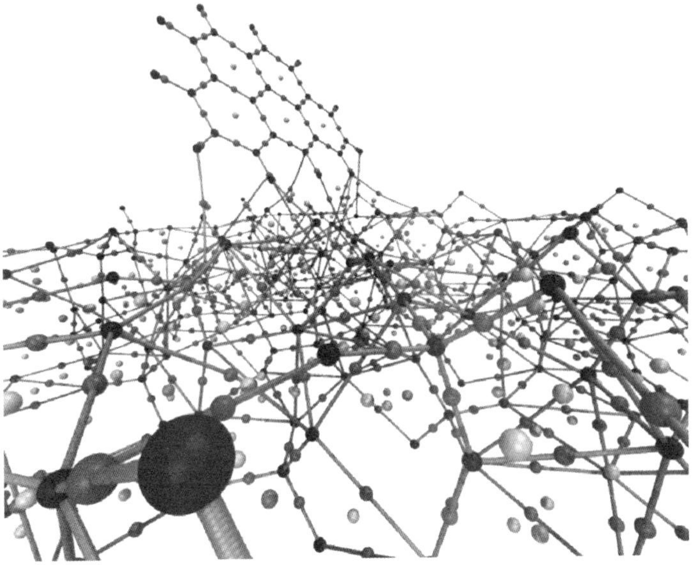

(a) 不包含构型拓扑图

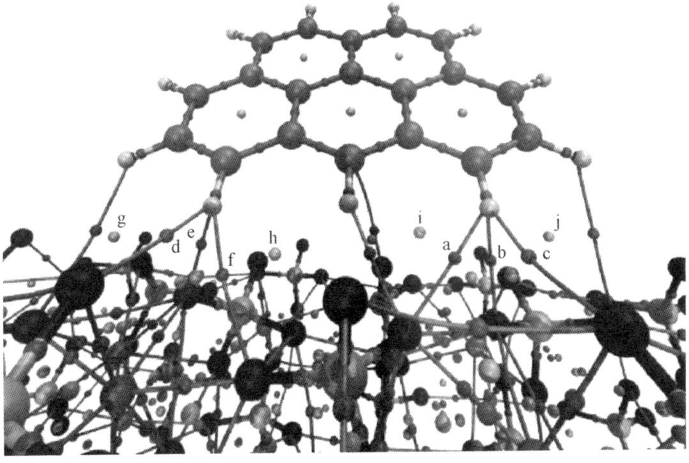

(b) 包含构型拓扑图

图 4-3　结合构型的电子密度拓扑分析

表 4-2　反应区域的电子密度拓扑分析

临界点符号	临界点类型	电子密度	电子密度的拉普拉斯值	键能/（kJ/mol）
H1-O	（3，－1）	1.23×10^{-2}	7.54×10^{-2}	－8.33
a	（3，－1）	5.85×10^{-3}	3.52×10^{-2}	－2.36
b	（3，－1）	4.97×10^{-3}	3.13×10^{-2}	－1.53
c	（3，－1）	1.85×10^{-3}	8.68×10^{-3}	—
d	（3，－1）	4.54×10^{-3}	2.52×10^{-2}	－1.13
e	（3，－1）	6.23×10^{-3}	4.06×10^{-2}	－2.71
f	（3，－1）	2.85×10^{-3}	1.43×10^{-2}	—
H3-O	（3，－1）	9.33×10^{-4}	5.57×10^{-3}	－2.24
C1-O	（3，－1）	7.08×10^{-4}	—	—
g	（3，＋1）	1.17×10^{-3}	—	—
h	（3，＋1）	1.43×10^{-3}	—	—
i	（3，＋1）	2.76×10^{-1}	—	—
j	（3，＋1）	7.47×10^{-4}	—	—

Lipkowski 的氢键判别标准[205]为：当 BCP 的电子密度在 0.002～0.04 a.u.范围内，且其电子密度的拉普拉斯值在 0.02～0.15 a.u.范围内时，该相互作用形式为氢键。根据该判别准则，焦炭探针分子最底部的三个 H 原子与表面的相互作用（H1-O，a，b，d 与 e）确定为氢键。氢键键能可通过经验公式 4.2 进行预测[206]。

$$E_{HB}=-223.08\times\rho_{BCP}+0.742\,3 \tag{4.2}$$

式中，E_{HB} 为氢键键能，kcal/mol；ρ_{BCP} 为键临界点的电子密度。根据该预测公式所计算的氢键键能列于表 4-2 中。由计算结果可知，焦炭探针分子底层 H 原子与团簇之间的氢键键能为负，其表现为吸引作用。同时，焦炭探针分子与 $CaSO_4$（010）表面团簇之间的氢键强度均小于 10 kJ/mol，表明色散作用在二者的相互作用中占据较为重要的地位[207]，该结论与能量分解所得的结论一致。在这些氢键作用中，焦炭探针分子底层中心 H 原子与团簇中 O 原子的相互作用最强，其余的氢键强度较弱，且数值较为接近。反应区域内（3，－1）与（3，＋1）临界点的电子密度见表 4-2，根据各临界点的电子密度可知，(3，+1) - (i) 临界点的强度最强，其位于 H1-H2-O 所构成的环平面中心，表明结合体系中的 H1-H2-O 环对体系的稳定贡献较多。综合上述结果，H1、H2 与表面 O 原子的相互作用造成了焦炭分子与 $CaSO_4$（010）表面团簇的稳定结合。

4.3.3 独立梯度模型分析

焦炭探针分子与 $CaSO_4$（010）表面团簇之间相互作用的独立梯度模型分析如图 4-4 所示。根据图 4-4（a）的散点图，在 $\mathrm{sign}(\lambda_2)\rho$ 显著大于 0 的部分有较为明显的穗，表明该焦炭探针分子与 $CaSO_4$（010）表面团簇之间有位阻作用。在 $\mathrm{sign}(\lambda_2)\rho$ 值约为 -0.04 的位置有较明显的穗。由于该处的电子密度较小，且其非常接近于 0，因此可以判断焦炭与团簇之间存在氢键的相互作用，该结论与 AIM 拓扑分析结果一致。该氢键的相互作用可以在图 4-4（b）的等值面中观测到。图中，蓝色等值面表示较强的相互作用，而绿色表示较弱的相互作用。原子的颜色表示 δg 指数，蓝色表示对 δg 值较低的贡献度，绿色表示相对较高的贡献度。同时，原子与原子对的较大 δg 指数数值见表 4-3。

相互作用等值面主要在 H1 原子附近出现，该等值面对弱相互作用的贡献较大，而 H1 旁边的 H 原子主要与焦炭分子后面的 $CaSO_4$（010）表面团簇的 O 原子进行相互作用，该结果与 AIM 拓扑分析结果保持一致，进一步确定二者之间的相互作用存在氢键；H1-O1、H1-S1 的相互作用对该等值面有较大的贡献，二者的 δg 指数分别为 0.134 2 与 0.133 9，表明二者的贡献程度非常接近。在焦炭与团簇相互作用的区域中，底部两层的 C 原子与 H 原子的颜色表现为亮色，表明这些原子对 δg 的贡献度较高，其 δg 指数值在 0.156 4～0.595 8 范围内，其中 C1、C2、C7 与 H1、H2、H4 的贡献度均大于 0.4，表明焦炭分子中的这 6 个原子的贡献度最为关键。反应区域中 $CaSO_4$（010）表面团簇的 2 个 O 原子、2 个 S 原子与 3 个 Ca 原子均对弱相互作用有一定的贡献，其 δg 指数分别为 0.396 2、0.300 4、

0.343 4、0.234 7、0.485 4、0.412 9 与 0.275 8。相较于焦炭分子的 δg 指数，表面团簇的 δg 指数值相对较小，表明在该体系中，焦炭的活性较大，对弱相互作用的贡献更多。

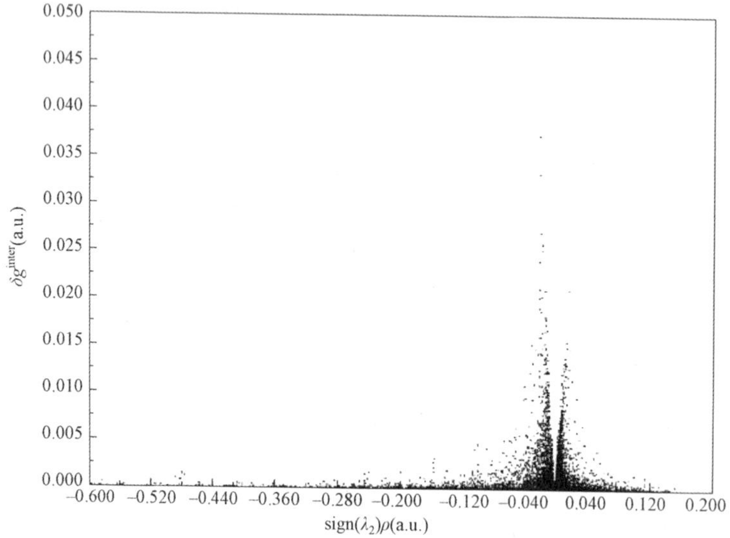

(a) 散点图

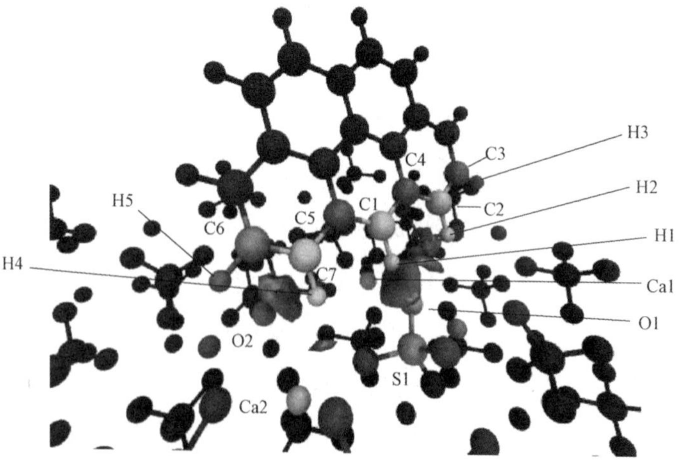

(b) 等值面图

图 4-4　焦炭-$CaSO_4$（010）相互作用体系的独立梯度模型

表 4-3　焦炭-$CaSO_4$（010）体系原子与原子对的 δg 指数

片段	原子/原子对	δg 指数
焦炭	H1	0.595 8
	H4	0.541 9
	C7	0.490 9
	H2	0.464 8
	C1	0.431 2
	C2	0.404 6
表面	Ca1	0.485 4
	Ca2	0.412 9
	O1	0.396 2
	S1	0.343 4
	O2	0.300 4
原子对	H1-O1	0.134 2
	H1-S1	0.133 9
	H4-Ca2	0.109 6

4.3.4　电子密度差分析

由于弱相互作用体系的片段之间仍会有一定程度的电子转移，且相对于孤立体系，片段之间的相互作用会引起片段内部的电荷重新分布。因此本节对焦炭探针分子与 $CaSO_4$（010）表面团簇结合过程进行了电子密度差分析，其计算分析结果如图 4-5（a）所示。由图可知，当焦炭探针分子结合于 $CaSO_4$（010）表面团簇后，片段之间的电子转移较少，但可以清晰地观测到在反应区域附近各片段内部的非均匀分布。垂直于表面的 z 方向电荷分布曲线（charge displacement curve，CDC）如图 4-5（b）所示，其中反应区域所处的 z 轴值为 5.5～9.5 Å。由图可知，在反应区域中均为正电荷聚集，因此两个片段的相互作用表现为相互排斥，从而使能量分解中的静电能为正。

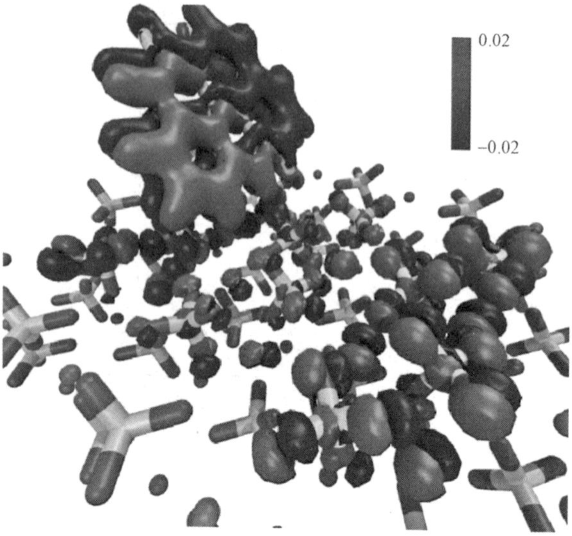

(a) 电子密度差等值面图

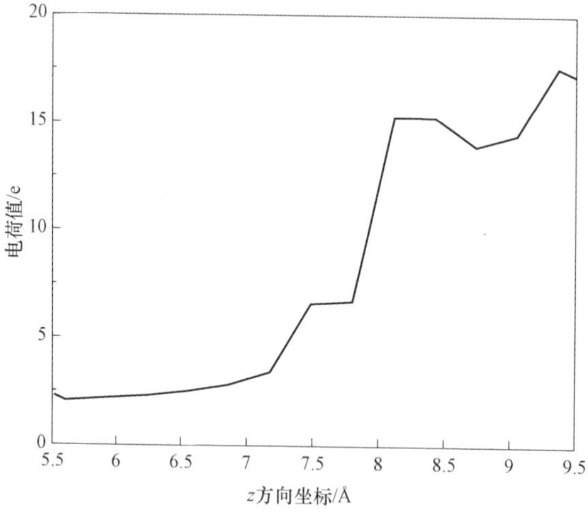

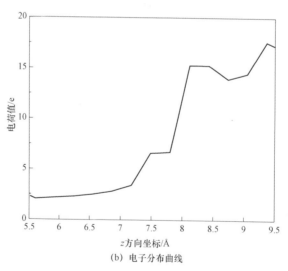

(b) 电子分布曲线

图 4-5　结合体系的电子密度差分析

根据电子转移分析可知，造成焦炭探针分子与 $CaSO_4$（010）表面团簇较弱结合的主要原因为二者之间的电子转移较少。为了进一步增强焦炭与 $CaSO_4$（010）表面的结合能力，增强二者之间的电子转移能力为有效的方法。在未来对于 $CaSO_4$ 载氧体的改性中可依照此方向进行。

4.4　焦炭分子在不同 $CaSO_4$ 表面结合特性的对比

4.4.1　结合构型与结合能的对比分析

为了进一步研究 $CaSO_4$ 载氧体的反应性能及其改进方法，本节对 $CaSO_4$ 载氧体另外两个较为常见的表面，（100）表面与（001）表面进行了焦炭探针分子的结合计算与性质分析。通过优化动力学轨迹中的所有构型，确定了能量最低的焦炭探针分子在 $CaSO_4$（100）与 $CaSO_4$（001）表面团簇的结合构型，如图 4-6 所示。在 $CaSO_4$（100）表面中，焦炭探针分子以平行的方式在表面结合，其距离表面最顶层 O 原子所在平面约为 2.7 Å；在 $CaSO_4$（001）表面中，焦炭探针分子以垂直于表面且略倾斜的方式在表面结合，H 原子与 Ca 原子的最短距离约为 2.2 Å。

在该部分的结合能计算中，仍忽略各片段从孤立态到结合态所造成的形变能，主要对片段之间的相互作用进行结合能分析，计算方法如式 4.1 所示，计算结果以及结合能的能量分解见表 4-4。焦炭探针分子在 $CaSO_4$（100）表面与 $CaSO_4$（001）表面的结合能均大于 $CaSO_4$（010）表面，其中 $CaSO_4$（001）表面的结合能最大。由于三个表面的表面活性排名为 $CaSO_4$（001）＞ $CaSO_4$（100）＞$CaSO_4$（010），因此提高表面的活性可提高焦炭分子在表面的结合能力，有利于反应正向进行。根据结合能的种类，可知色散作用对结合能的贡献最大。交换互斥作用的值较小，表明焦炭在 $CaSO_4$ 表面通过范德华作用结合。静电作用体现为排斥作用，表明静电作用对排斥的贡献较多。同时，SCC 自洽电荷作用对焦炭与 $CaSO_4$

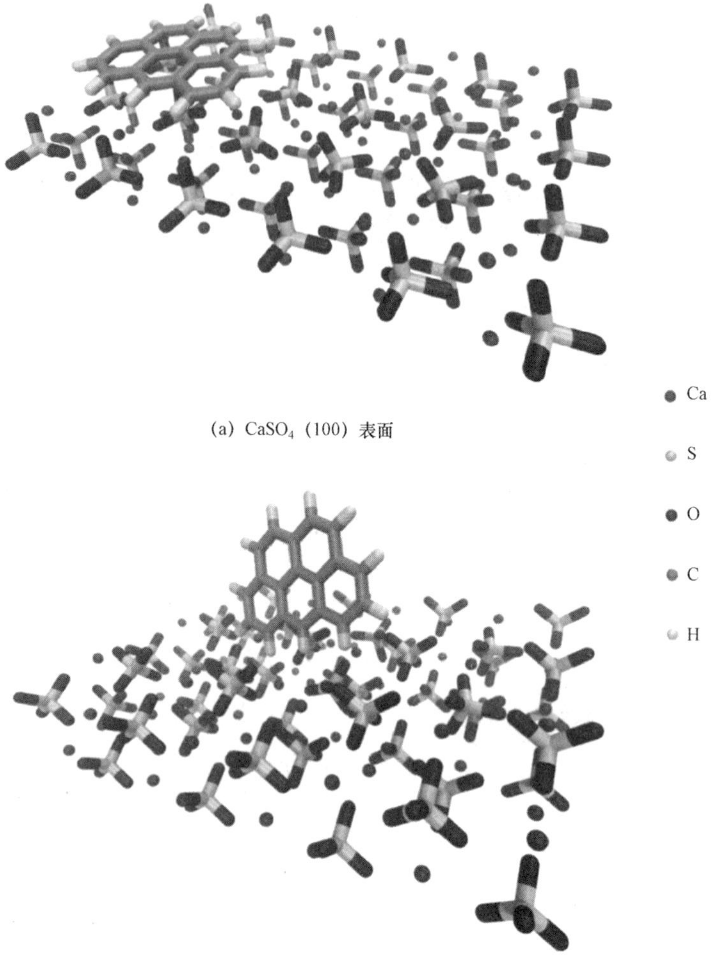

(a) $CaSO_4$ (100) 表面

(b) $CaSO_4$ (001) 表面

图 4-6 焦炭在 $CaSO_4$（100）与 $CaSO_4$（001）表面的结合构型

表面的结合有部分贡献，相较于 $CaSO_4$（010）表面，$CaSO_4$（100）与 $CaSO_4$（001）表面自洽电荷作用的绝对值较大，表明表面活性的提高增加了两个片段间的电子转移能力。$CaSO_4$（100）表面的自洽电荷作用能与色散作用能绝对值虽然大于 $CaSO_4$（001）表面，但由于其静电作用所造成的排斥作用较大，导致 $CaSO_4$（100）表面结合体系的结合能弱于 $CaSO_4$（001）表面结合体系。

表 4-4　焦炭分子在 $CaSO_4$（100）与（001）表面的结合能及其成分

种类	$CaSO_4$（100）表面（kJ/mol）	$CaSO_4$（001）表面（kJ/mol）
自洽电荷作用（不包含静电作用）	−61.88（37.07%）	−20.58（22.38%）
静电作用	101.62	24.31
交换互斥作用	4.79×10^{-3}	0.52
色散作用	−105.03（62.93%）	−71.38（77.62%）
结合能	−65.28	−67.13

注：括号中的百分值为该作用对总吸引作用的贡献度。

4.4.2　电子密度拓扑分析的对比

为了进一步探讨焦炭分子在 $CaSO_4$ 载氧体表面的结合特性，采用基于 AIM 理论的电子密度拓扑分析对 $CaSO_4$（100）与 $CaSO_4$（001）表面的结合过程进行分析，其计算结果如图 4-7 所示。对于焦炭分子在 $CaSO_4$（100）表面的结合构型，焦炭分子的 C 原子、H 原子与表面的 O 原子、S 原子之间存在键径，且有键临界点，表明这些原子之间产生相互作用，造成焦炭分子的稳定结合。为了确定该相互作用的类型，我们计算了键临界点的实空间函数值，具体见表 4-5。

其中，ρ 为电子密度，$\nabla^2\rho$ 为电子密度的拉普拉斯值，V 为势能密度，G 为 Lagrangian 动能密度，H 为总能量密度，$|V|/G$ 与 H/ρ 分别为作用类型判别指标。$\nabla^2\rho(BCP) < 0$ 是共价键存在的充分非必要条件，$H(BCP) < 0$ 为共价键存在的必要非充分条件。由表 4-5 可知，该体系片段间相互作用键临界点的电子密度拉普拉斯值与能量密度值均大于 0，因此，这些键临界点为非共价作用。

根据键临界点的判别指标 $|V|/G < 1$，可进一步确定这些键临界点为非共价作用中的闭壳层作用；判别指标 H/ρ 可以确定非共价作用的强度，该值越大，非共价作用越弱。在表 4-5 中，键临界点 g 的 H/ρ 最小，

表明该点对应的 H-O 相互作用对焦炭分子在表面的结合贡献最大，而键临界点 c 对应的 C-O 相互作用的贡献最小。

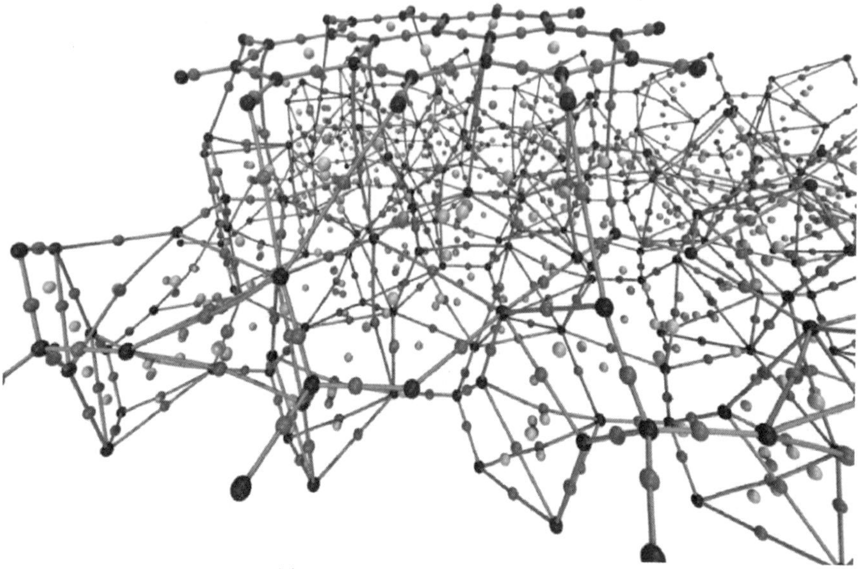

(a) $CaSO_4$ (100) 表面（不包含构型）

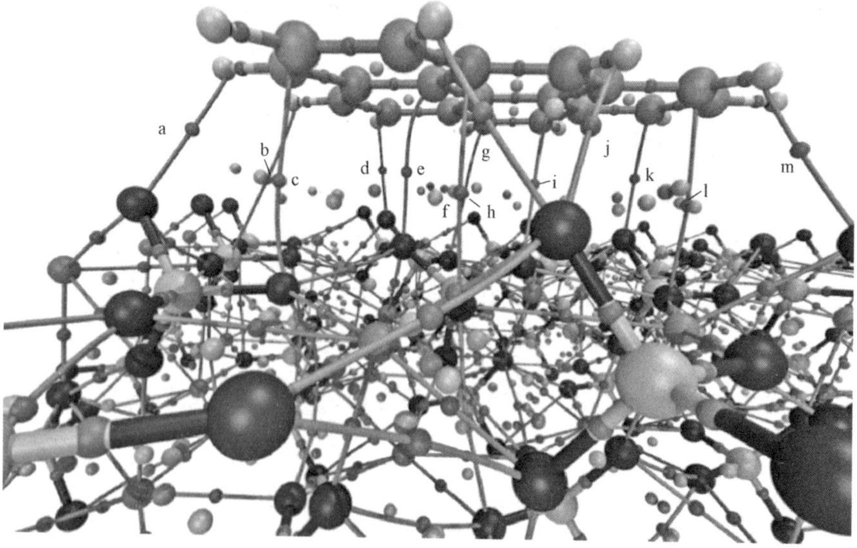

(b) $CaSO_4$ (100) 表面（包含构型）

图 4-7　结合构型的电子密度拓扑分析

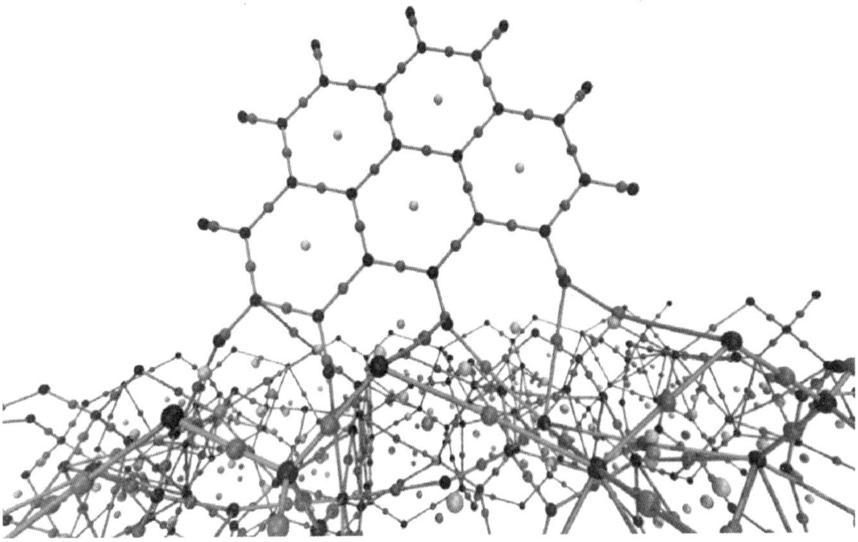

(c) $CaSO_4$（001）表面（不包含构型）

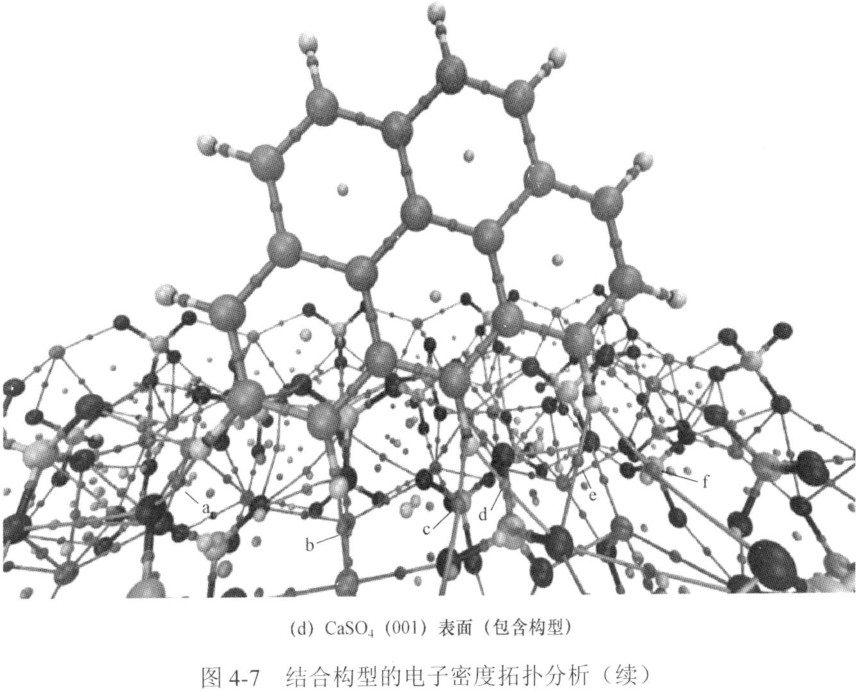

(d) $CaSO_4$（001）表面（包含构型）

图 4-7　结合构型的电子密度拓扑分析（续）

表 4-5　焦炭-$CaSO_4$（100）体系键临界点实空间函数值

BCP	ρ	$\nabla^2\rho$	V	G	H	$\lvert V\rvert/G$	H/ρ
a	6.66×10^{-3}	4.51×10^{-2}	-5.61×10^{-3}	8.44×10^{-3}	2.83×10^{-3}	6.65×10^{-1}	4.25×10^{-1}
b	3.38×10^{-4}	1.76×10^{-3}	-9.86×10^{-5}	2.69×10^{-4}	1.71×10^{-1}	3.66×10^{-1}	5.05×10^{-1}
c	1.76×10^{-3}	1.29×10^{-2}	-8.92×10^{-4}	2.06×10^{-3}	1.17×10^{-3}	4.33×10^{-1}	6.64×10^{-1}
d	3.93×10^{-3}	2.63×10^{-2}	-2.72×10^{-3}	4.65×10^{-3}	1.93×10^{-3}	5.86×10^{-1}	4.91×10^{-1}
e	3.87×10^{-3}	3.12×10^{-2}	-2.82×10^{-3}	5.31×10^{-3}	2.49×10^{-3}	5.31×10^{-1}	6.44×10^{-1}
f	1.43×10^{-3}	8.77×10^{-3}	-5.64×10^{-4}	1.38×10^{-3}	8.12×10^{-4}	4.10×10^{-1}	5.67×10^{-1}
g	6.79×10^{-3}	4.20×10^{-2}	-5.26×10^{-3}	7.89×10^{-3}	2.62×10^{-3}	6.67×10^{-1}	3.86×10^{-1}
h	1.27×10^{-3}	8.45×10^{-3}	-5.34×10^{-4}	1.32×10^{-3}	7.89×10^{-4}	4.03×10^{-1}	6.20×10^{-1}
i	2.49×10^{-3}	1.85×10^{-2}	-1.47×10^{-3}	3.05×10^{-3}	1.58×10^{-3}	4.81×10^{-1}	6.35×10^{-1}
j	2.43×10^{-3}	1.55×10^{-2}	-1.31×10^{-3}	2.60×10^{-3}	1.29×10^{-3}	5.06×10^{-1}	5.29×10^{-1}
k	6.64×10^{-3}	4.94×10^{-2}	-5.29×10^{-3}	8.82×10^{-3}	3.53×10^{-3}	6.00×10^{-1}	5.31×10^{-1}
l	1.18×10^{-3}	5.50×10^{-3}	-3.55×10^{-4}	8.56×10^{-4}	5.01×10^{-4}	4.15×10^{-1}	4.25×10^{-1}
m	5.85×10^{-2}	3.59×10^{-2}	-4.27×10^{-3}	6.63×10^{-3}	2.36×10^{-3}	6.44×10^{-1}	4.03×10^{-1}

根据氢键判断准则，键临界点 a 和 g 所对应的 O-H 作用为氢键，采用公式 4.2 预测的键能分别为 −3.11 kJ/mol 与 −3.23 kJ/mol。该氢键键能较弱，其主要由色散作用组成，该结果与能量分解结论一致。

对于焦炭分子在 $CaSO_4$（001）表面的结合构型，焦炭分子与表面相互作用所产生的键临界点实空间函数值见表 4-6。

表 4-6　焦炭-$CaSO_4$（001）体系键临界点实空间函数值

BCP	ρ	$\nabla^2\rho$	V	G	H	$\lvert V\rvert/G$	H/ρ
a	8.09×10^{-3}	4.59×10^{-2}	-6.46×10^{-3}	9.41×10^{-3}	2.95×10^{-3}	6.86×10^{-1}	3.65×10^{-1}
b	1.46×10^{-2}	8.35×10^{-2}	-7.15×10^{-3}	7.36×10^{-3}	2.06×10^{-4}	9.72×10^{-1}	1.41×10^{-1}
c	1.53×10^{-3}	9.41×10^{-3}	-6.34×10^{-4}	1.49×10^{-3}	8.59×10^{-4}	4.25×10^{-1}	5.60×10^{-1}
d	1.02×10^{-2}	6.21×10^{-2}	-8.64×10^{-3}	1.21×10^{-2}	3.44×10^{-3}	7.15×10^{-1}	3.37×10^{-1}
e	8.51×10^{-3}	5.24×10^{-2}	-7.12×10^{-3}	1.01×10^{-2}	2.99×10^{-3}	7.05×10^{-1}	3.51×10^{-1}
f	1.67×10^{-3}	8.50×10^{-3}	-6.10×10^{-4}	1.37×10^{-3}	7.55×10^{-4}	4.47×10^{-1}	4.52×10^{-1}

根据所列出键临界点 $\nabla^2\rho>0$、 $H>0$、 $|V|/G<1$ 可知，焦炭分子在 $CaSO_4$（001）表面的结合主要为弱相互作用体系，且其属于非共价作用中的闭壳层作用，键临界点 a、b、d、e 所对应的 3 个 H-O 作用与 1 个 H-Ca 作用为氢键作用，所预测的键能分别为 –4.44 kJ/mol、–10.51 kJ/mol、–6.41 kJ/mol 与 –4.83 kJ/mol，根据这些氢键较弱的相互作用能可知，色散作用是主要的成分。根据 H/ρ 的计算结果，键临界点 b 所对应的 H-Ca 相互作用对结合进程的贡献最大；键临界点 c 所对应的 H-O 相互作用的贡献最小。

相较于 $CaSO_4$（100）表面，焦炭分子在 $CaSO_4$（001）表面结合所产生的键临界点 BD 值更小，因此焦炭分子在该表面结合所释放的能量更多，即表明焦炭分子与 $CaSO_4$（001）表面更容易结合。

4.4.3　独立梯度模型的对比分析

为了进一步分析弱相互作用与原子对弱相互作用的贡献程度，采用 IGM 分析方法对焦炭分子在 $CaSO_4$（100）与 $CaSO_4$（001）表面进一步研究，所计算的 IGM 分析结果的散点图与等值面图如图 4-8 所示，两个结合构型主要的原子与原子对 δg 指数分别见表 4-7 与表 4-8。

根据 $\mathrm{sign}(\lambda_2)\rho$ 的值为 –0.04 附近存在明显的穗，可知两个结合体系中片段之间均存在氢键作用，且焦炭-$CaSO_4$（001）体系在该处的穗高明显大于焦炭-$CaSO_4$（100）体系的穗，说明前者的氢键作用大于后者，该结果与 AIM 分析所得的结论保持一致。在等值面图中，氢键所对应的等值面出现于 AIM 分析中的键临界点附近，等值面的大小与颜色对应了公式 4.2 计算所得氢键键能的大小与 H/ρ 值。虽然焦炭-$CaSO_4$（100）体系中等值面出现的数量较多，但其面积较小，颜色呈现亮色，几乎无深色等值面，表明该体系的弱相互作用相较于焦炭-$CaSO_4$（001）体系较弱。

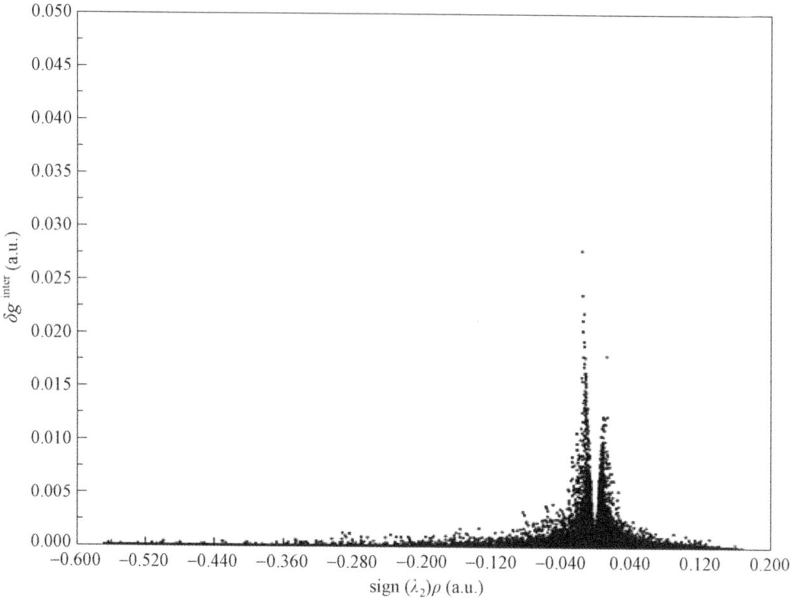

(a) 焦炭-$CaSO_4$（100）体系散点图

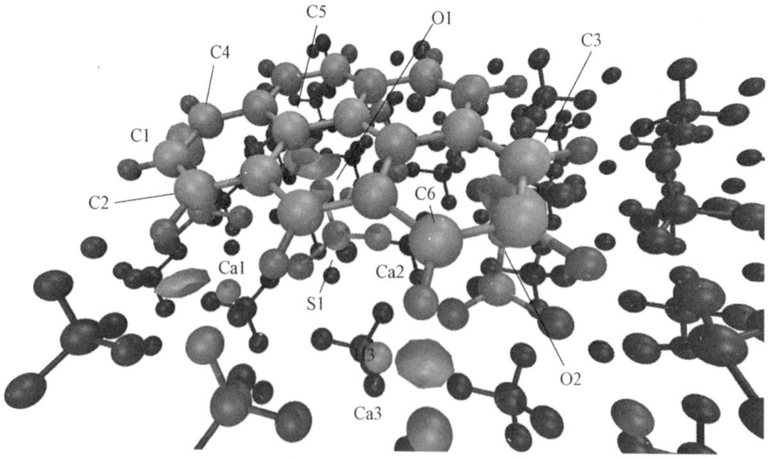

(b) 焦炭-$CaSO_4$（100）体系等值面图

图 4-8 IGM 分析结果图

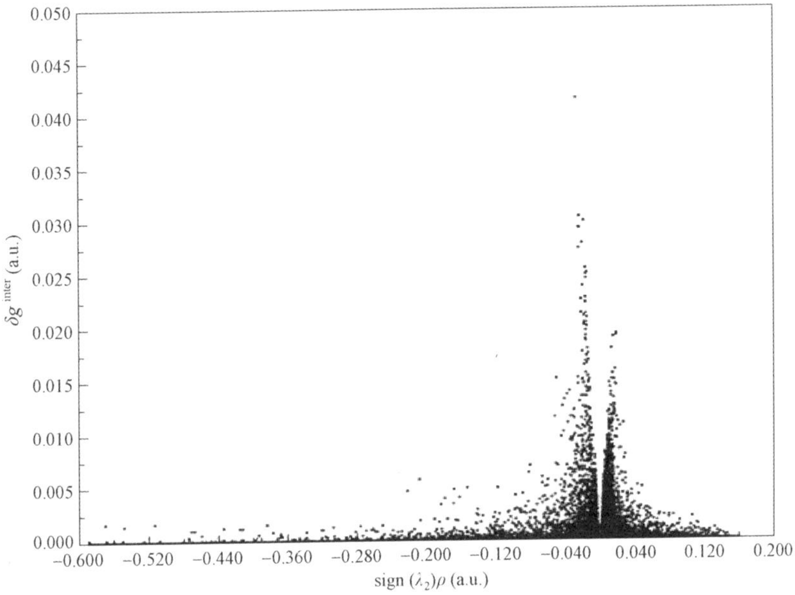

(c) 焦炭 -$CaSO_4$（001）体系散点图

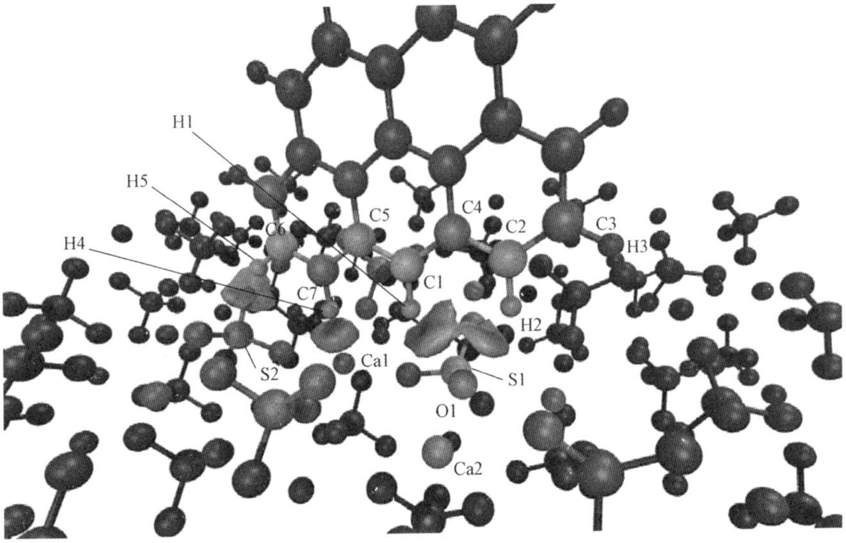

(d) 焦炭 -$CaSO_4$（001）体系等值面图

图 4-8　IGM 分析结果图（续）

表 4-7 焦炭-$CaSO_4$（100）体系原子与原子对的 δg 指数

片段	原子/原子对	δg 指数
焦炭	C1	0.401 6
	C2	0.390 4
	C3	0.377 7
	C4	0.375 4
	C5	0.358 6
	C6	0.348 4
表面	Ca1	0.750 0
	Ca2	0.747 4
	Ca3	0.718 0
	O1	0.521 1
	S1	0.500 8
	O2	0.447 3
原子对	C2-Ca1	0.143 9
	C3-O2	0.132 4
	C6-Ca3	0.112 5
	C1-Ca1	0.110 5

表 4-8 焦炭-$CaSO_4$（001）体系原子与原子对的 δg 指数

片段	原子/原子对	δg 指数
焦炭	C7	0.769 6
	H4	0.762 4
	H1	0.674 6
	H5	0.609 6
	C6	0.585 4
	C1	0.550 8
	H2	0.485 8
	C2	0.373 0

续表

片段	原子/原子对	δg 指数
表面	Ca1	0.881 8
	S1	0.456 6
	Ca2	0.380 5
	O1	0.373 6
原子对	H4-Ca1	0.206 3
	C7-Ca1	0.192 3
	H1-S1	0.138 5
	H5-S2	0.136 6
	H1-O1	0.107 6
	H2-O1	0.104 7
	C6-Ca1	0.100 2

焦炭分子在 $CaSO_4$（100）表面的结合体系中，焦炭分子中的 C 原子对弱相互作用的贡献程度较为相近，且 H 原子的贡献明显低于 C 原子。在结合区域中，$CaSO_4$（100）表面的 3 个 Ca 原子、O1、O2、S1 原子对弱相互作用的贡献较大，其 δg 指数均大于 0.4。相较于焦炭分子，$CaSO_4$（100）表面各原子的 δg 指数更大，表明，表面对弱相互作用的贡献程度要高于焦炭分子。根据原子对的 δg 指数，C-Ca 之间的相互作用是两个片段之间的主要作用，其致使焦炭分子可以稳定结合于 $CaSO_4$（100）表面。

焦炭在 $CaSO_4$（001）表面的结合体系中，由于焦炭分子以竖直偏倾斜的方式结合于表面，因此偏向于焦炭一侧的底层 C 原子与 H 原子对弱相互作用贡献较多，其中贡献最大的为 C7 原子与 H4 原子。而在 $CaSO_4$（001）表面的结合区域中，Ca1 原子 δg 指数最大，该原子与焦炭分子的距离较近，表明 Ca1 原子所在的区域为主要的结合能贡献点。Ca1 与 C7、H4 几乎处于同一直线中，由该三个原子所组成的原子对 H4-Ca1 与 C7-Ca1 的

δg 指数较大，等值面图中该部分的等值面出现较深的深色区域，进一步表明 Ca1 与 C7、H4 对焦炭分子在 $CaSO_4$（001）表面的结合有较大的贡献程度。虽然 $CaSO_4$（001）表面的 Ca1 原子有最大的 δg 指数，但其余原子均较小，结合区域内焦炭分子的各个原子 δg 指数较为平均地分布于 0.37～0.77 之间，表明该结合体系内焦炭分子的贡献更高。

在对 $CaSO_4$（100）、$CaSO_4$（010）与 $CaSO_4$（001）表面的比较中，焦炭-$CaSO_4$（010）表面的原子对 δg 指数最大值较小，表明该体系中 2 个片段的弱相互作用最弱；$CaSO_4$（001）表面中原子对 δg 指数最大值最大，表明表面活性的增大，可以进一步增加弱相互作用强度，从而增大焦炭分子在表面的结合强度。

4.4.4 电子密度差的对比分析

焦炭分子在表面的结合主要依靠弱相互作用，但该结合过程仍会引起体系电子的重新分布。本节采用电子密度差对集合过程进一步分析。焦炭在 $CaSO_4$（100）与 $CaSO_4$（001）表面，结合前后的电子密度差计算结果如图 4-9 所示。图中，A 等值面表示失电子，B 等值面表示得电子，等值面的值为±0.002 e。对电子密度积分后所得反应区域沿高度方向的电子分布曲线如图 4-10 所示。

图 4-9 中，在 0.002 e 水平的等值面中几乎观测不到片段间的等值面，可知焦炭在两个表面的结合几乎没有引起片段间的电子转移，仅引起了片段内部电子的重新分布，说明二者的结合能力较弱。而相较于 $CaSO_4$(010)表面，二者的电子分布变化程度较少。

在焦炭-$CaSO_4$（100）结合体系中，靠近表面 O 原子的焦炭分子侧电子变化较大，C 原子与 H 原子均失去电子，而这部分电子转移至 C-H 之间靠近 C 原子的位置；同时表面的最外层 O 原子有少量的电子聚集。图 4-10 的电子分布曲线也表明，反应区域内沿高度方向为负电荷的聚集，因此静电作用表现为排斥效果，该结果与能量分解结论一致。

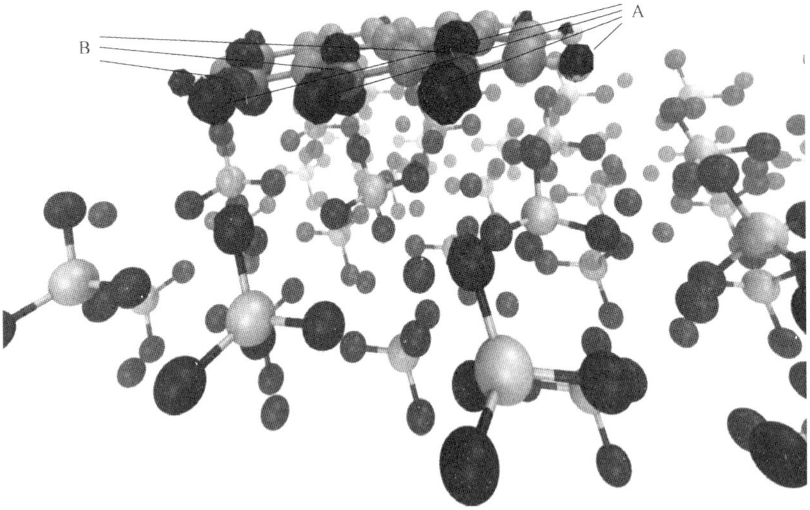

(a) 焦炭-$CaSO_4$（100）体系

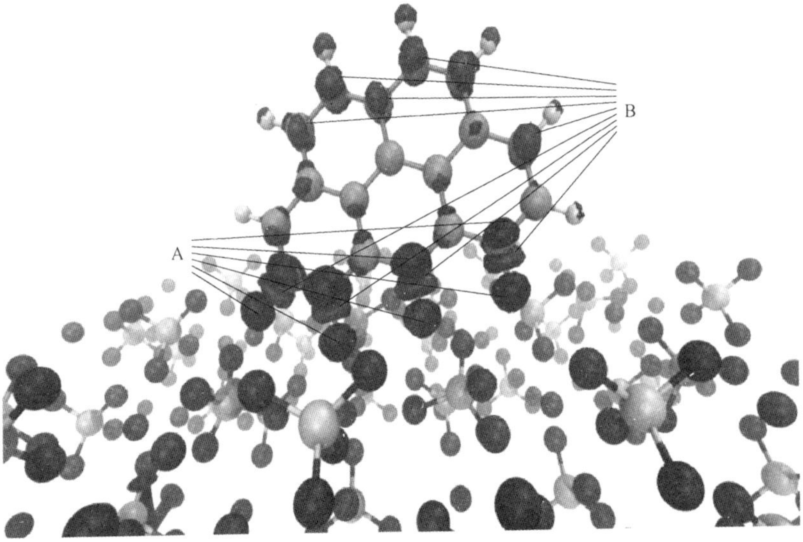

(b) 焦炭-$CaSO_4$（001）体系

图 4-9　电子密度差分析

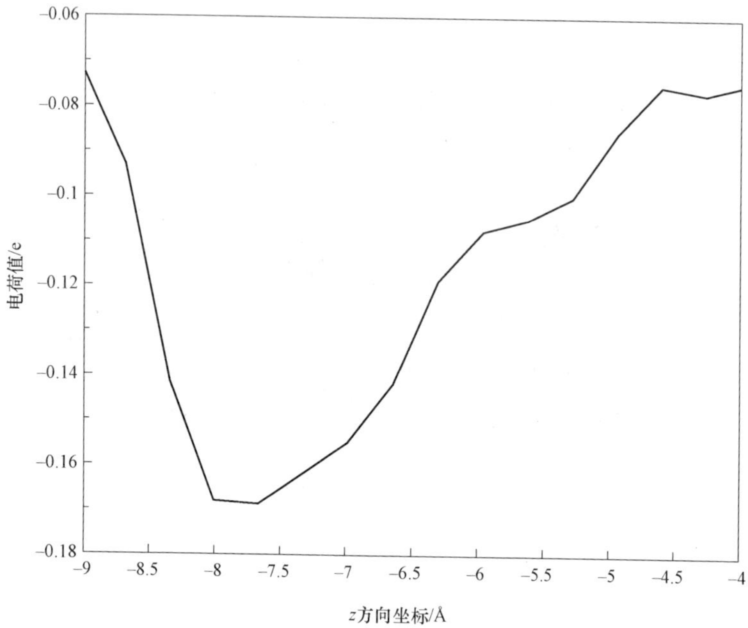

(a) 焦炭-$CaSO_4$ (100) 体系

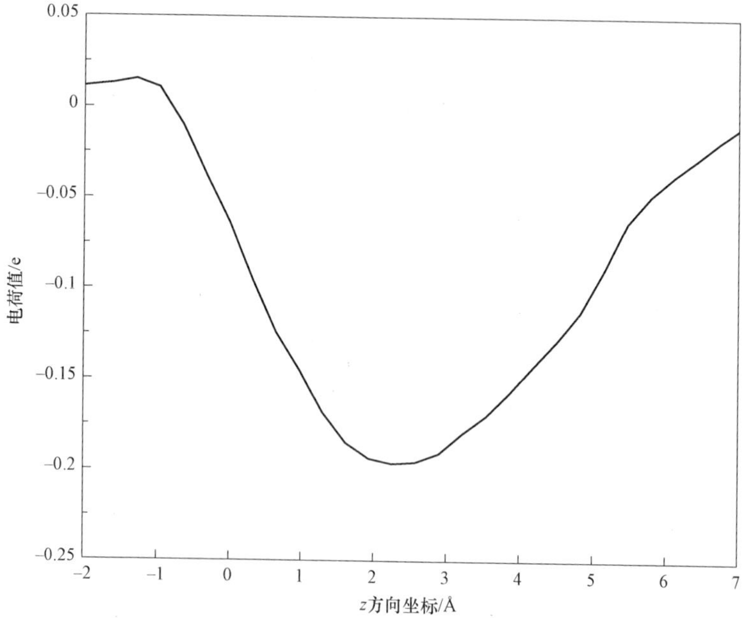

(b) 焦炭-$CaSO_4$ (001) 体系

图 4-10　两种结合体系的电荷分布曲线

在焦炭-$CaSO_4$（001）结合体系中，焦炭分子在靠近表面的一侧电荷变化较大，电子从 C 原子与 H 原子上转移至 C-H 之间靠近 C 原子的位置，该变化与焦炭-$CaSO_4$（100）体系的电子转移情况一致；在远离表面的一侧，电子转移情况与靠近表面一侧截然相反，电子从 C-H 之间转移 C 原子与 H 原子上。表面最外侧的 O 原子仍有少量电子聚集，其表明负电荷在结合区域内聚集，电荷分布曲线进一步证明了该现象，表明两个片段结合中静电作用表现为排斥效果。

根据电子密度差分析可知，增大表面活性虽然提升了焦炭分子在表面的结合紧密程度，但二者之间的电子转移仍然较为微弱，因此其提升效果有限。未来对于 $CaSO_4$ 载氧体的改性中，在提升暴露表面活性的基础上，进行表面掺杂或改性有可能增强电子转移能力，从而进一步提升钙基载氧体的活性。

4.5　本章小结

在本章，我们通过半经验紧缚型量子化学方法对焦炭探针分子在 $CaSO_4$ 载氧体表面的结合过程进行了理论计算与分析，揭示了焦炭分子在 $CaSO_4$（010）表面的弱相互作用本质，并与表面活性更强的 $CaSO_4$（100）、$CaSO_4$（001）表面进行了对比。本章研究得到的主要结论有以下几点：

（1）焦炭在 $CaSO_4$ 载氧体常见的（010）表面以弱相互作用结合，且该结合过程为放热反应，其中 London 色散作用对结合作用的贡献最大，该体系为典型的色散作用主导体系。

（2）焦炭与 $CaSO_4$（010）表面的结合中底层 H 原子与表面 O 原子存在氢键作用，该氢键的成分以色散作用为主，结合中产生的环状结构对结合体系的稳定性贡献较大。

（3）焦炭与 $CaSO_4$（010）表面的结合体系中，氢键作用出现于焦炭分子的 H 原子与表面 O 原子的键径中，结合作用区域内，焦炭各原子的 δg 指数在 0.156 4～0.595 8 范围内，表面各原子的 δg 指数在 0.234 8～0.485 4 范围中。

（4）焦炭与 $CaSO_4$（010）表面的反应区域有部分电子聚集，但片段之间几乎没有电子转移，因此能量分解中的静电作用表现为排斥效果。

（5）相较于焦炭在 $CaSO_4$（010）表面的结合，其在 $CaSO_4$（100）与 $CaSO_4$（001）表面的结合更紧密，表明表面活性的增大有助于焦炭分子的结合。

（6）AIM、IGM、EDD 等波函数分析表明，虽然采用活性较高的 $CaSO_4$（100）与 $CaSO_4$（001）表面，可增强焦炭在 $CaSO_4$ 载氧体表面的结合能力，但其仍然属于纯闭壳层作用体系，体系中的片段间电子转移仍很弱，提升空间较小。而进一步采用掺杂或改性的方式改进载氧体，可能会增强电子转移能力，增大钙基载氧体活性，从而进一步提升结合强度。

第 5 章

燃料气体分子在 $CaSO_4$ 载氧体孔道中的扩散输运特性

5.1 本章引言

化学链燃烧中，固体燃料通过热解产生挥发分与焦炭，焦炭与载氧体通过固固接触结合后进行反应，而气体分子通过外扩散—内扩散—异相吸附后进行反应。外扩散与反应器中的流动相关，而内扩散主要与载氧体的性质相关。本章主要通过分子动力学模拟对气体分子在 $CaSO_4$ 载氧体孔道中的内扩散过程进行模拟。

分子动力学是对具有一定的初始条件与边界条件的多粒子相互作用体系进行运动模拟的计算方法，其运用牛顿运动方程计算体系中粒子的运动轨迹，并通过体系的动态演化得到整个系统的物理特性。在经典分子动力学模拟中，粒子间的相互作用力常由一个或多个经验势函数描述。L-J（lennard-jones）势函数是最为经典的两体式，其应用较为广泛。对于系统中的任意粒子对 i 与 j，它们之间的相互作用势能可以写为式 5.1。

$$E_{ij}(r_{ij}) = 4\varepsilon\left(\frac{\sigma^{12}}{r_{ij}^{\ 12}} - \frac{\sigma^{6}}{r_{ij}^{\ 6}}\right) \tag{5.1}$$

式中，$E_{ij}(r_{ij})$ 为两个粒子相互作用势能；ε 与 σ 为势函数参量，分别具有能量和长度的量纲；r_{ij} 为两个粒子之间的距离，其可用式 5.2 进行描述。

$$r_{ij} = \left| \overline{r_i} - \overline{r_j} \right| \tag{5.2}$$

L-J 势只依赖于两个粒子之间的距离，因此具有 N 个粒子的系统总势能可表述为式 5.3。

$$E_p = \sum_{i=1}^{N} \sum_{j>i} E_{ij}(r_{ij}) \tag{5.3}$$

本章的模拟采用 L-J 势函数计算体系的能量，并采用多组独立模拟的轨迹提取性质求取平均值计算所需的结果，以此体现输运的特性。根据格林-久保（Green-Kubo）理论，输运系数等于自关联函数对关联时间的积分，其将非平衡过程的输运系数与平衡态相应物理量的变化相关联，据此，扩散系数则为速度自关联函数的积分，其在数值上等于方均位移函数的微分。

在本章，我们将通过扩散系数等参数的比较，进一步探讨 $CaSO_4$ 载氧体孔径、温度、气体种类、掺杂元素种类及覆盖率对扩散过程的影响，揭示该过程的扩散输运特性，为改进钙基载氧体的扩散输运性能提供理论基础。

5.2 模拟方法

$CaSO_4$ 载氧体的暴露表面采用其最稳定的（010）晶面，将 $CaSO_4$ 周期性晶体在（010）晶面方向切割 4 层，分别将其中两层置于周期性盒子的上下端，将其构建为狭缝，以狭缝来表征孔道，狭缝的宽度分别为 2 nm、4 nm、6 nm、8 nm。同时，在 xy 平面方向拓展为 6×6 的超晶胞，该盒子 xy 平面方向的大小为 $3.742\,8\ \text{nm} \times 4.194\,6\ \text{nm}$。该狭缝模型的构型如图 5-1 所示。

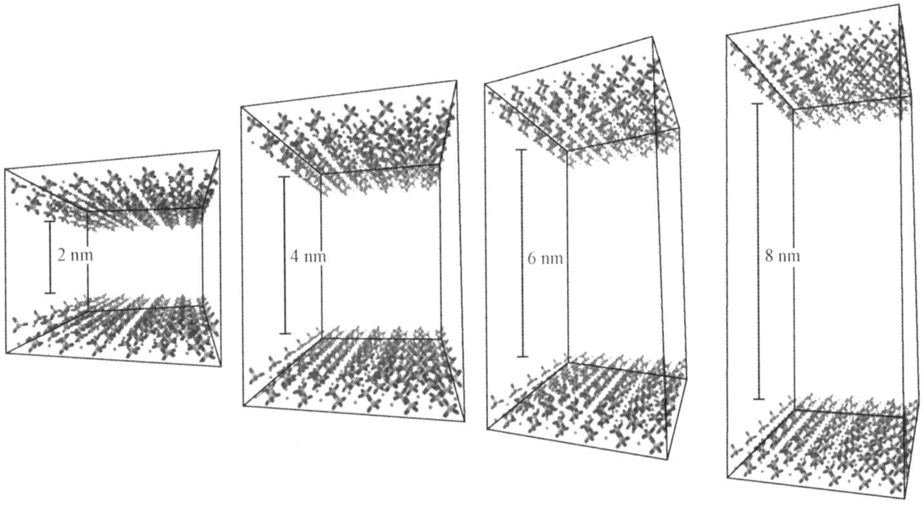

(a) 2 nm　　(b) 4 nm　　(c) 6 nm　　(d) 8 nm

图 5-1　狭缝模型

在模拟计算中，为了表现 $CaSO_4$（010）表面的固体特性，将其定义为刚性体系，保持固体原子位置固定。在前两章的计算中吸附、结合构型中片段形变引起的能量变化很小，表明该简化合理可信。在模拟计算中，气体分子采用典型的燃料气体 CO、H_2、CH_4，其在狭缝中的数量采用理想气体状态方程确定，以保证不同狭缝宽度工况下，气相系统均处于 5.158 MPa 的压力下[208]。取该值作为模拟压力的原因是为了减少计算量，从而提高计算速度。气体分子在 4 种狭缝宽度下对应的粒子数量分别为 10、20、30、40 个。此外，在 6 nm 狭缝宽度的模拟计算中，为了保证压力恒定，在反应温度分别为 1 123 K、1 173 K、1 223 K 时，所对应的狭缝宽度分别取 5.744 2 nm、6 nm、6.255 8 nm。

动力学模拟采用 GROMACS 软件[209]进行。非键作用采用 L-J 12-6 势描述，各原子/分子的 L-J 势参数见表 5-1。

表 5-1　势函数参数

物质	原子	σ	ε	电荷
表面	Ca	0.302 8	0.996 5	1.5
	S	0.359 5	0.147 2	0.9
	O	0.311 8	0.251 2	−0.6
CO	C	0.349 0	0.189 6	0.020 3
	O	0.131 30	0.528 2	−0.020 3
H_2	H_2（UA）	0.297 0	0.276 1	0
CH_4	CH_4（UA）	1.229 4	0.373 0	0

在表 5-1 中，$CaSO_4$ 载氧体采用 UFF（universal force field）力场中的 L-J 参数[210]，电荷采用 IFF（interface force field）力场[211]的电荷。CO 分子采用文献［212］中的 L-J 参数与电荷值。H_2、CH_4 则采用文献［213］中以 TraPPE（transferable potentials for phase equilibria force field）力场为模板的参数，该力场为 UA（united atom）力场，其将整个分子简化为一个粒子，因此简化后的粒子电荷值为 0。气体分子与表面的相互作用能采用式 5.4 描述。

$$E_{interaction} = E_{LJ} + E_C \tag{5.4}$$

式中，$E_{interaction}$ 为气体分子与表面的相互作用能，kJ/mol；E_{LJ} 为 L-J 势函数所描述的 L-J 非键作用能，kJ/mol，其中粒子对的参数采用 Lorentz-Berthelot 混合规则计算获得；E_C 为库仑作用能，kJ/mol，该作用能使用式 5.5 描述。

$$E_C = f\frac{q_i q_j}{\varepsilon_r r_{ij}} \tag{5.5}$$

式中，f 为电转化系数，kJ • nm/（mol • e^2）；ε_r 为相对介电常数；q_i 与 q_j 为两个粒子的电荷量，e。

动力学模拟中，采用蛙跳算法对牛顿运动方程进行积分运算，时间步长为 1 fs。由于范德华作用随距离增大迅速衰减，因此范德华作用采用 Cut-off 方式进行计算，截断半径为 1.2 nm。静电作用计算采用 PME（particle-mesh-ewald）方法。平衡模拟阶段采用 NVT 系综，使用 v-scale 热浴方法进行控温，模拟时间 5 ns，该时长可保证体系完全平衡。在轨迹产出模拟中，采用 Nose-Hoover 热浴控温的 NVT 系综，采用 10 组独立模拟进行统计分析，每组成品模拟时长为 10 ns，轨迹输出时间间隔为 1 ps，对轨迹进行参数提取用以性质分析。

5.3　CO 分子的化学键势函数

在气体分子与 $CaSO_4$ 载氧体孔道表面的模拟中，由于 H_2 与 CH_4 采用的是 UA 力场，因此二者的化学键作用已包含于相互作用势函数中。而 CO 分子则需要进一步确定化学键势函数的参数，以描述在与载氧体孔道表面的相互作用中由于键伸缩所引起的体系能量改变。本章的化学键势能采用 Morse 势，该势函数对于分子振动具有良好的近似，且包含非成键态，其表达式如式 5.6 所示。

$$\begin{cases} E_{morse}(r) = D\left[1 - e^{-\alpha(r-r_0)}\right]^2 \\ \alpha = \sqrt{k_{morse}/(2D)} \end{cases} \tag{5.6}$$

式中，$E_{morse}(r)$ 为 Morse 势对应的化学键势能，kJ/mol；D 为解离能，kJ/mol；k_{morse} 为力常数；r_0 为平衡距离，Å。

在 UB3LYP/def2-TZVP 水平下，对 CO 分子的 C-O 键在 0.5Å-4Å 范围内进行柔性扫描，其柔性扫描结果如图 5-2 所示。以 Morse 势函数为模型，采用 Levenberg-Marquardt 算法对该结果进行非线性拟合，所拟合得到的Morse势函数的解离能D为1 181.689 7 kJ/mol，力常数k为15 460.264 0，平衡距离r_0为 1.088 8 Å，拟合度为 0.999 3。在分子动力学模拟中，使用该拟合势函数用来描述 C-O 化学键势能。

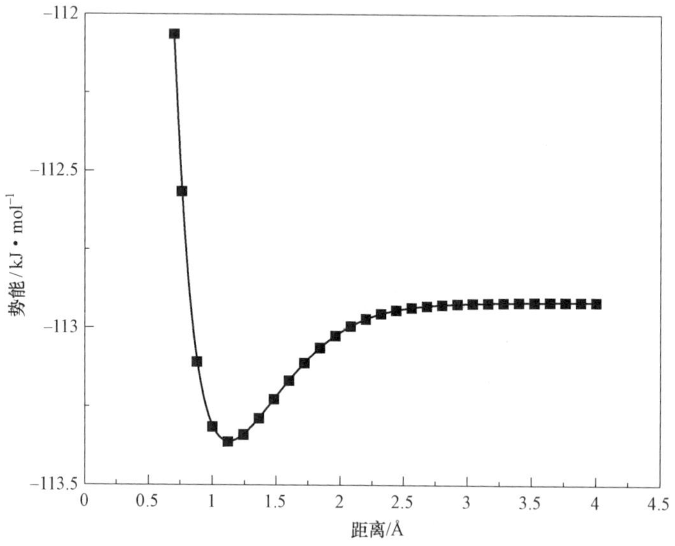

图 5-2　Morse 势函数拟合曲线

5.4　孔道大小对扩散输运特性的影响

为了研究孔道大小对燃料气体在 $CaSO_4$ 载氧体中内扩散的影响，选取了 CO 为典型燃料，以狭缝作为孔径的简化模型，研究 CO 气体分子在狭缝中的扩散输运过程。

不同狭缝宽度下，CO 分子与 $CaSO_4$ 载氧体之间在 1 173 K 工况下所统计的平均相互作用能见表 5-2，其中相互作用能由库仑作用能与 L-J 作用能组成。表中各能量均为负值，表明 CO 分子与 $CaSO_4$ 载氧体的相互作用为放热反应，该结论与前文一研究结果致。相较于 L-J 作用能，库仑作用对总相互作用的贡献较小，因此对于 CO 与 $CaSO_4$ 的相互作用，主要是 L-J 相互作用，其在总相互作用能的占比为 95.39%～95.60%。随着夹缝宽度的增加，$CaSO_4$ 对狭缝中 CO 分子的总相互作用能增加。

表 5-2　不同狭缝宽度对 CO-$CaSO_4$ 相互作用能

（单位：kJ/mol）

狭缝宽度	2 nm	4 nm	6 nm	8 nm
库仑作用能	−4.46	−8.06	−12.38	−16.71
L-J 作用能	−92.30	−175.04	−267.02	−360.64
总相互作用能	−96.76	−183.10	−279.40	−377.35

总相互作用能的概率分布与平均每个分子与 $CaSO_4$ 作用能的概率分布计算结果如图 5-3 所示。图 5-3（a）为所有 CO 分子与 $CaSO_4$ 载氧体的总相互作用能概率分布图，随着狭缝宽度的增加，能量概率分布曲线向 x 轴负方向偏移，表明 CO 分子与 $CaSO_4$ 载氧体的相互作用所释放的能量增加。同时，能量概率分布曲线的尖峰由尖锐逐渐变为平缓，表明随着 CO 分子数目的增多，在动力学过程中位置变化更为丰富，因此相互作用能的概率分布范围增大。在图 5-3（b）中，每个 CO 分子与 $CaSO_4$ 相互作用能的概率分布，随着狭缝宽度的增加向 x 轴正向偏移，且概率分布峰变得较为平缓。该现象表明，虽然在较宽的夹缝中，所有 CO 分子与 $CaSO_4$ 载氧体的总相互作用能较大，但是每个 CO 分子受到 $CaSO_4$ 载氧体的作用较小。分子数的增加导致 $CaSO_4$ 载氧体对 CO 分子作用的分散，但由于其 CO 分子总数增多，所以其总相互作用较强。综上，随着狭缝宽度的增加，$CaSO_4$ 载氧体对单个 CO 分子的束缚作用减弱，CO 分子在狭缝中的自由度增加，CO 分子扩散的随机性增大。

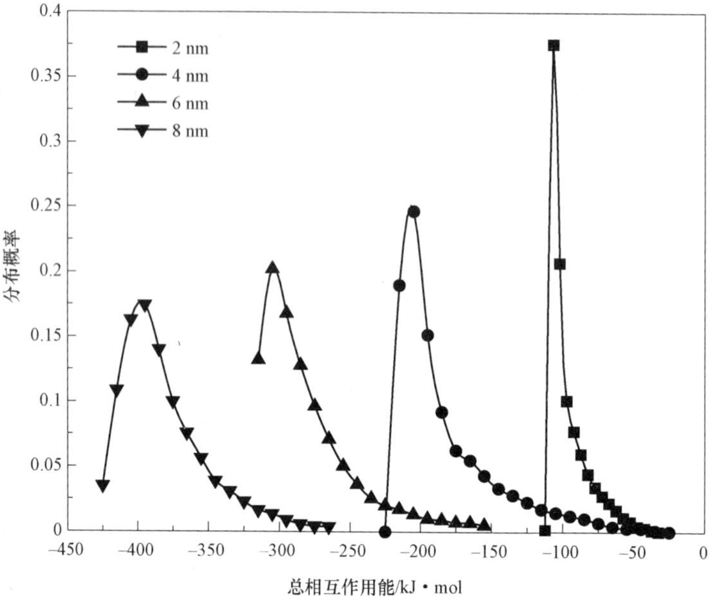

(a) $CaSO_4$与所有原子的相互作用

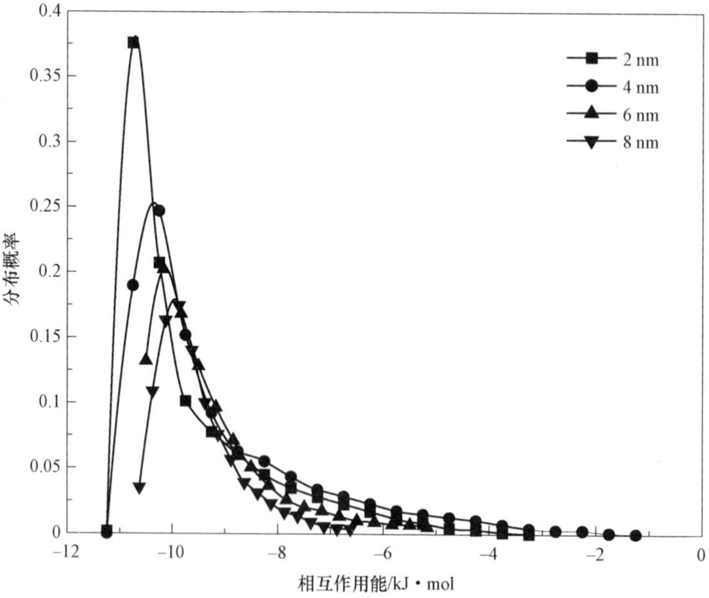

(b) $CaSO_4$与每个原子的相互作用

图 5-3　不同狭缝宽度体系相互作用能的概率分布

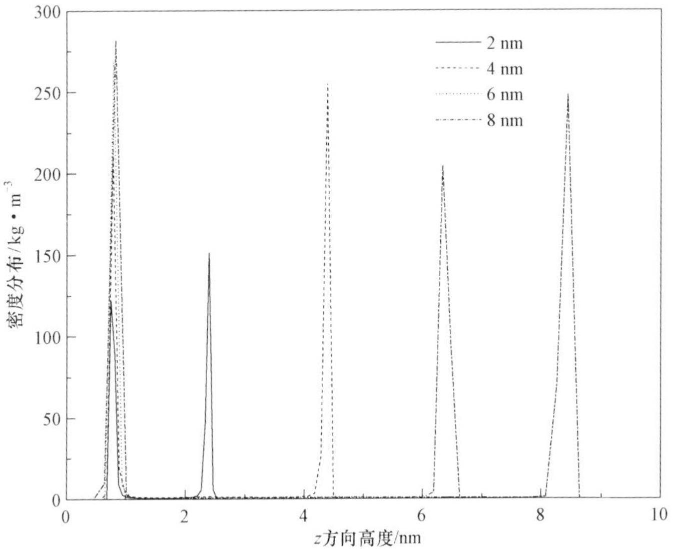

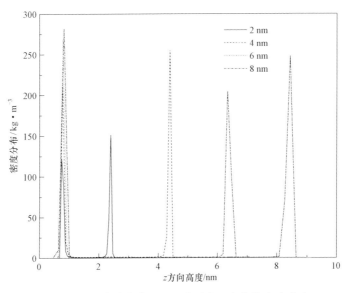

图 5-4　不同狭缝宽度下 CO 分子在 z 方向的密度分布

为了进一步了解 CO 分子在不同狭缝中扩散时所处的位置，使用 z 方向的密度分布对其进行描述，如图 5-4 所示。z 方向高度包含 $CaSO_4$ 固体的厚度，因此 4 种不同狭缝宽度体系的气相区域范围分别为 0.59～2.59 nm、0.59～4.59 nm、0.59～6.59 nm、0.59～8.59 nm。CO 分子的分布呈现明显的分层现象，在距离表面约为 0.16～0.24 nm 的范围内，出现密度峰值，表明 CO 分子受到 $CaSO_4$ 载氧体的束缚，在该范围内聚集，此密度较高的区域被称为吸附层；在上下两个吸附层之间的区域，CO 分子的密度非常低，该低密度区域被称为体相层。随着狭缝宽度的增加，吸附层峰值所对应的 z 方向高度向体相层偏移，表明 $CaSO_4$ 载氧体对 CO 分子的束缚减少，该结论与能量密度分布的结果相一致。各狭缝宽度中吸附层密度峰值不同，这是由于 CO 分子数目的不同所造成的。上下两个吸附层峰值也有所差异，表明模拟所采用的 CO 分子数未达到 $CaSO_4$ 吸附的饱和量，该结论也可从体相层密度分布几乎为 0 的现象中得到证实。此外，随着狭缝宽度的增大，吸附层的区域略微增大，体相层的覆盖区域范围降低。综上可知，狭缝宽度增加，导致 CO 分子的吸附层与体相层的分界点远离 $CaSO_4$ 载氧体表面，致使 CO 分子受到的束缚减弱。

各狭缝宽度体系的 CO 分子扩散系数采用动力学模拟中的均方位移（mean square dispalcement，MSD）并结合 Einstein 公式进行计算，由于气相系统处于夹缝中，因此对以 z 方向为法向的 xy 平面方向进行二维扩散系数的计算，其计算公式如式 5.7、式 5.8、式 5.9 所示。

$$D(t)=\frac{D_x(t)+D_y(t)}{2}=\frac{1}{4}\frac{\mathrm{d}}{\mathrm{d}t}[\Delta x^2(t)+\Delta y^2(t)] \tag{5.7}$$

$$\Delta x^2(t)=\left\langle \frac{1}{N}\sum_i [x_i(t+t_0)-x_i(t_0)]^2 \right\rangle \tag{5.8}$$

$$\Delta y^2(t)=\left\langle \frac{1}{N}\sum_i [y_i(t+t_0)-y_i(t_0)]^2 \right\rangle \tag{5.9}$$

式中，D（t）为二维扩散系数，m^2/s；下标 x、y 为扩散方向；t 为关联时间，s；t_0 为初始时刻的时间，s；Δx、Δy 分别为关联时间内 x、y 方向的位移，m；x_i、y_i 分别为第 i 个粒子的坐标；N 为粒子数。在计算中，对每个体系进行 10 组独立的模拟，然后求取平均值以计算关联时间内跑动扩散系数（running diffusion coefficient，RDC），其计算结果如图 5-5 所示。其中，灰色曲线是每次独立实验的跑动扩散系数计算结果，黑色实线为 10 次独立实验跑动扩散系数的平均值，黑色虚线为 10 次独立实验跑动扩散系数的标准误差。根据计算结果，2 nm、4 nm、6 nm 与 8 nm 的扩散系数分别为 0.023 nm^2/ps、0.053 nm^2/ps、0.061 nm^2/ps 与 0.044 nm^2/ps。随着狭缝宽度的增加，CO 分子在狭缝中

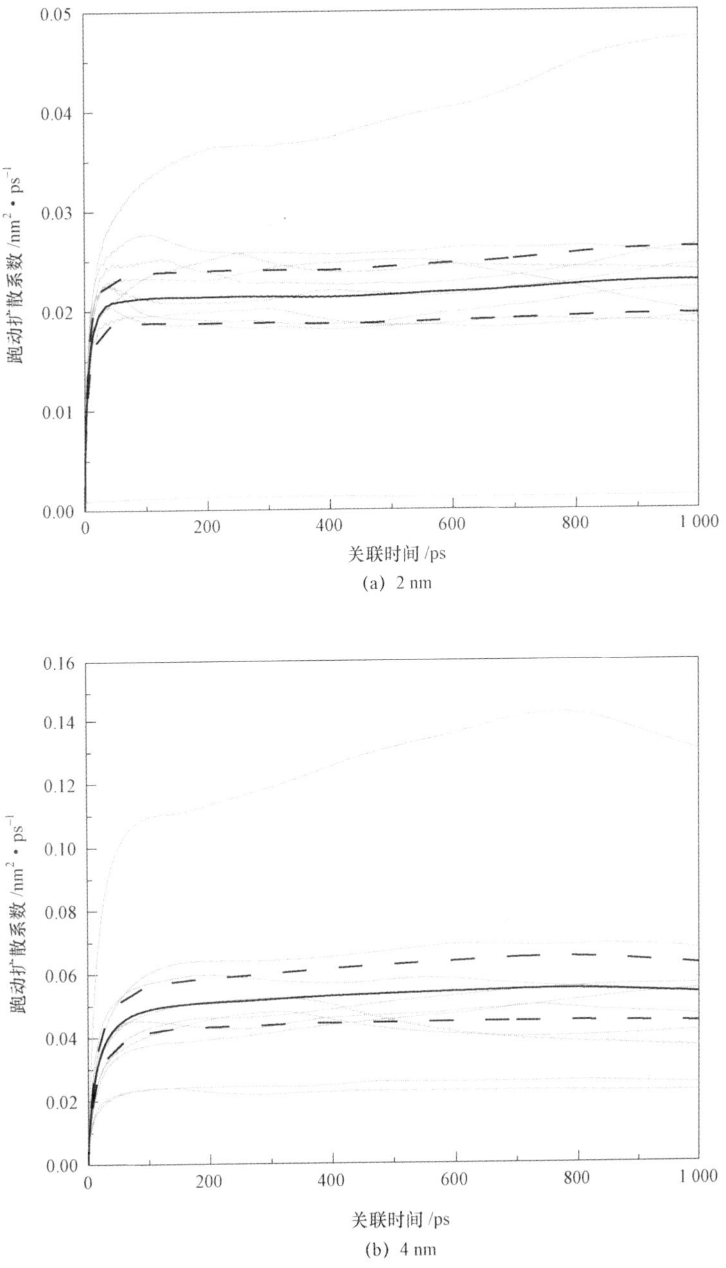

图 5-5　不同狭缝宽度体系 CO 分子跑动扩散系数

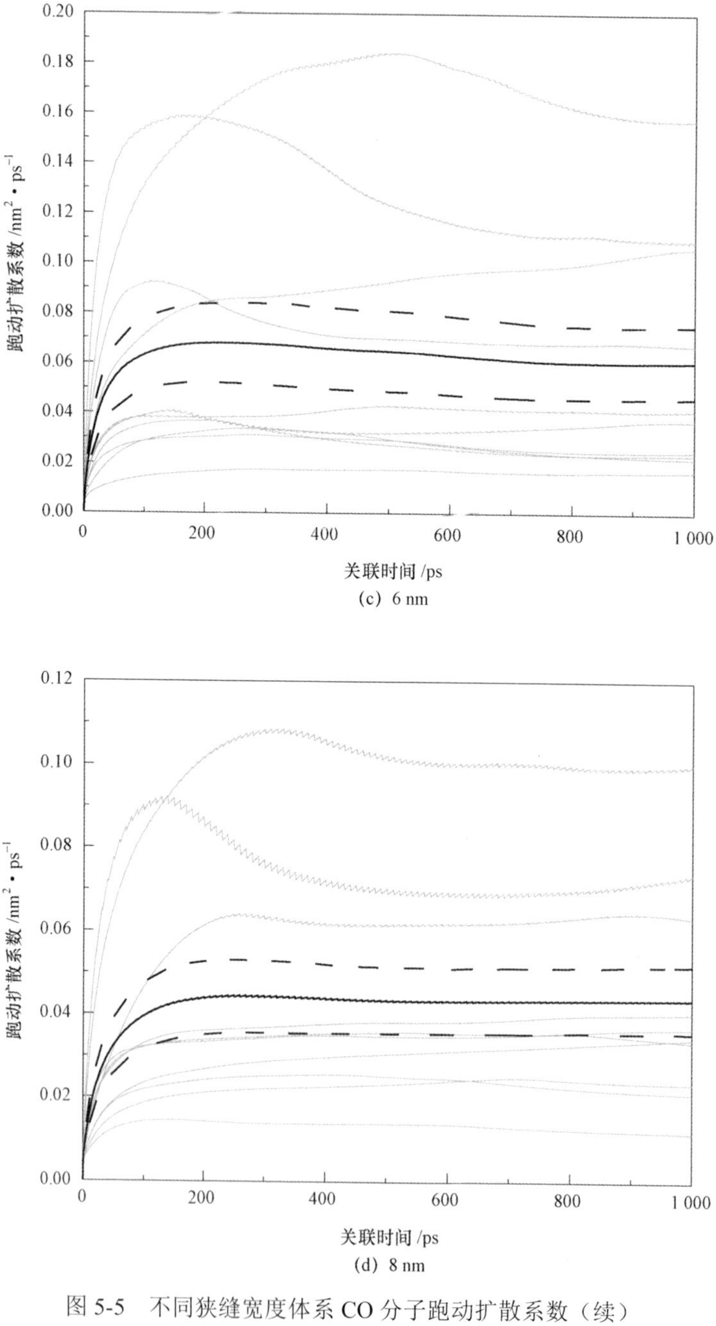

(c) 6 nm

(d) 8 nm

图 5-5　不同狭缝宽度体系 CO 分子跑动扩散系数（续）

的扩散系数先增加后减小，表明其扩散能力先上升后下降。在扩散系数增大阶段，扩散能力升高，这主要是由于 $CaSO_4$ 载氧体表面对单个 CO 分子的束缚能力下降，导致 CO 分子易于扩散；在扩散系数降低阶段，虽然 $CaSO_4$ 载氧体表面对 CO 分子的束缚能力进一步下降，但由于吸附层内的 CO 分子数目增多，导致吸附层的范围增量较小，根据分子碰撞理论，CO 分子在扩散过程中相互碰撞增多，其扩散能力下降。

为了进一步了解 CO 分子在不同狭缝宽度下扩散过程中所受的作用能，采用平均非共价作用（average noncovalent interactions，aNCI）方法[214]对该过程进一步分析，统计产出阶段的 3 000 帧结构（3 000 ps）后，计算获得平均约化梯度密度（average reduced density gradient，aRDG）散点图，如图 5-6 所示。图中，纵坐标为平均约化密度梯度值，横坐标为 sign（λ_2）ρ，其为电子密度函数 Hessian 矩阵本征值的符号 sign（λ_2）与电子密度（ρ）的乘积。该分析采用 Multiwfn 软件包进行。由图 5-6 可知，在 sign（λ_2）ρ 为±0.04 之间的范围内，出现了散点图的穗（spike），表明 CO 分子在不同孔道内的扩散过程均受到 $CaSO_4$ 载氧体弱相互作用的影响。在横坐标为 0～0.02 的区域内，有明显的穗，表明该体系中存在明显的位阻作用，且该位阻作用相对较强。由于结合体系在平衡状态下，只有很强的范德华作用才会导致较弱的位阻作用出现，因此 CO 在 $CaSO_4$ 载氧体狭缝中的扩散主要受到它们之间范德华作用的束缚。对比四种宽度狭缝的图像可知，随着狭缝宽度的增加，横坐标 −0.04～0 的区域内，穗的密度逐步降低，且其长度有所减小，表明体系的弱相互作用逐步下降，$CaSO_4$ 载氧体对 CO 分子的吸引能力变弱。该结论与能量分析的结论相一致。在横坐标为 0～0.02 区域内，穗的长度随着狭缝宽度的增加而降低，表明位阻作用有所减弱。

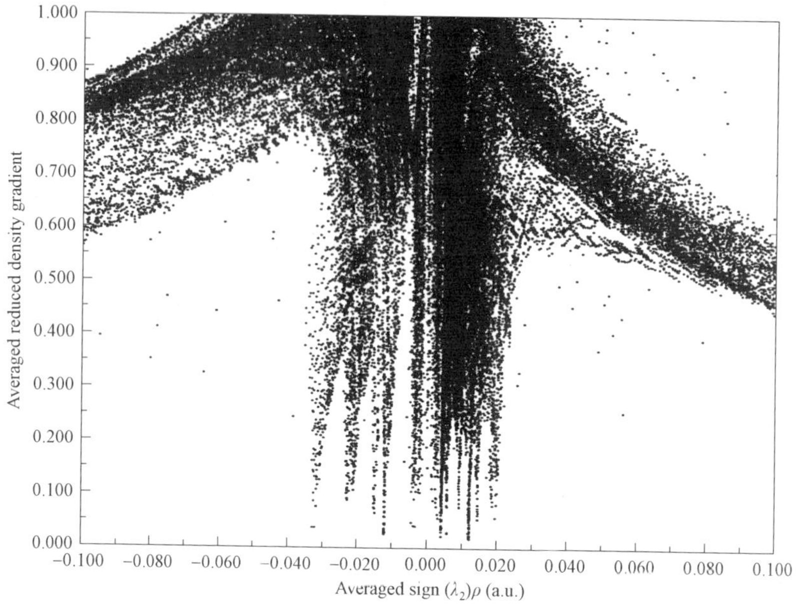

(a) 2 nm

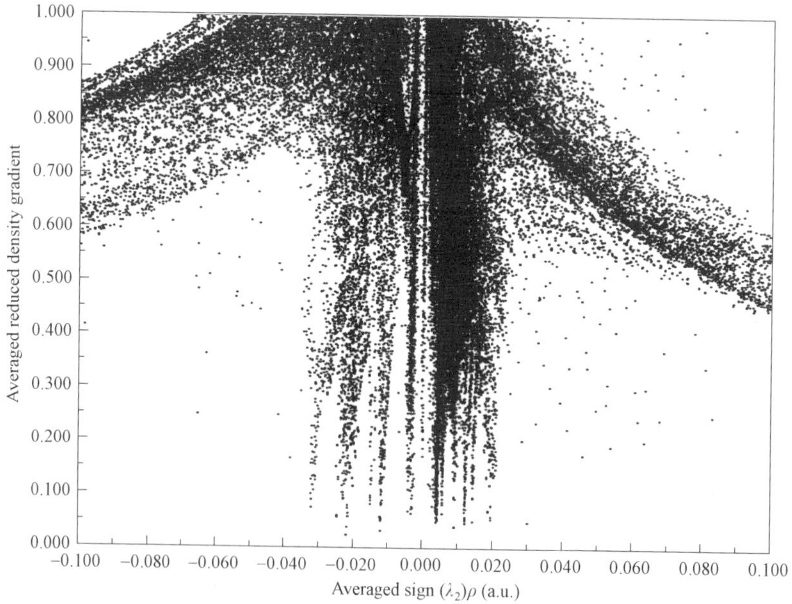

(b) 4 nm

图 5-6 CO-$CaSO_4$ 体系在不同狭缝宽度下 aRDG 散点图

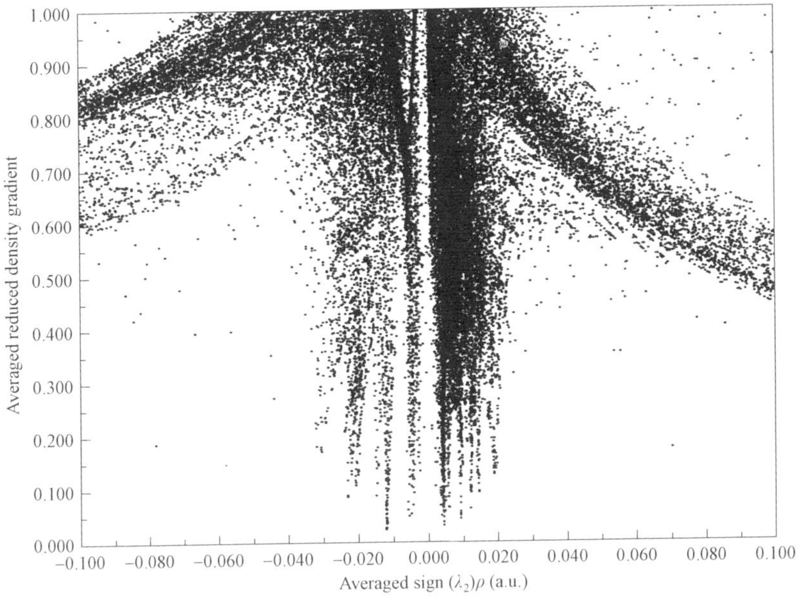

(c) 6 nm

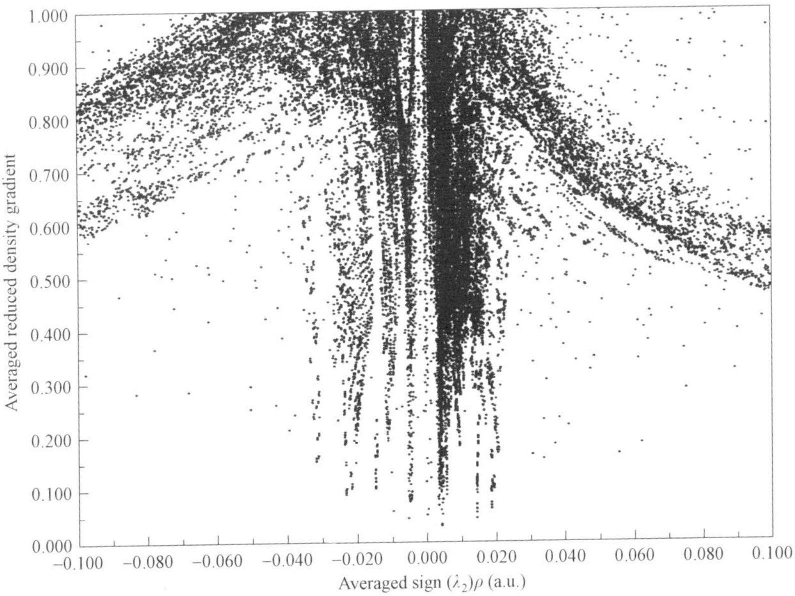

(d) 8 nm

图 5-6　CO-$CaSO_4$ 体系在不同狭缝宽度下 aRDG 散点图（续）

5.5 反应温度对扩散输运特性的影响

以 $CaSO_4$ 为载氧体的化学链燃烧中，考虑到还原性气氛 $CaSO_4$ 易分解，燃料反应器的反应温度最高不超过 1 223 K；然而，为提高 $CaSO_4$ 载氧体的反应速率，反应需保持在较高的温度下进行。因此，本节选取 1 123 K、1 173 K 与 1 223 K 三个典型反应温度，研究反应温度对 CO 分子在 $CaSO_4$ 载氧体夹缝中扩散输运特性的影响。

三个温度下 CO 分子与 $CaSO_4$ 载氧体之间在 6 nm 狭缝宽度体系中，统计得到的 CO 分子与 $CaSO_4$ 之间的相互作用能概率分布如图 5-7 所示。由图 5-7 可知，三个温度下，相互作用能概率分布曲线的顶点横坐标均在 –300 kJ/mol 附近，但峰值的大小不同，1 123 K 温度下对应的峰值最高，1 223 K 的峰值最低。该现象表明随着温度的升高，CO 分子与 $CaSO_4$ 载氧体孔道表面之间的相互作用能减弱。相对于 1 123 K 与 1 173 K 之间相互作用能的差距，1 223 K 与 1 173 K 之间的相互作用能差距减小，表明

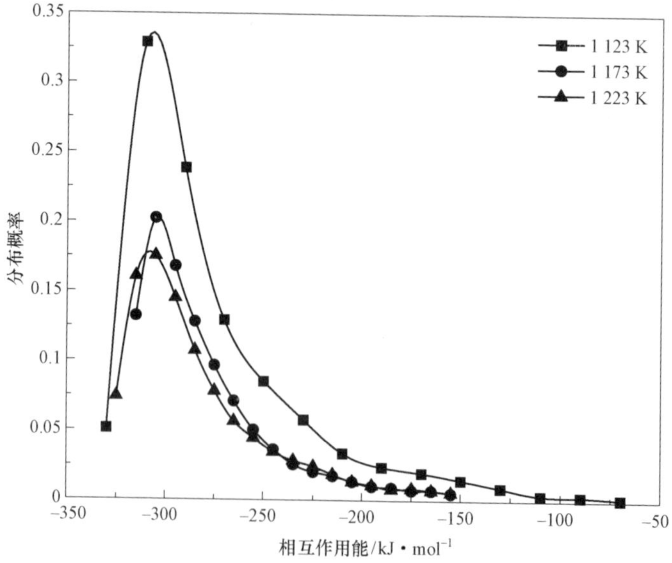

图 5-7 不同温度下狭缝体系相互作用能概率分布

随着温度的升高，二者之间的相互作用能减小程度逐步降低，CO 与 $CaSO_4$ 之间的相互作用能与温度的关系呈现非线性的变化趋势。

三个温度下，CO 分子与 $CaSO_4$ 载氧体之间在 6 nm 狭缝宽度体系中，统计得到的 z 方向密度分布如图 5-8 所示。图 5-8 中表明，随着温度的上升，密度分布的峰值逐步降低，说明吸附层所包含的 CO 分子数量降低。而在两个吸附层之间，CO 分子的密度略微增加，表明体相层中的 CO 分子数量增加。说明随着温度的上升，部分 CO 分子从吸附层中转移至体相层，但由于体相层的范围较大，且进入体相层的 CO 分子数量有限，因此体相层部分的密度改变幅度较小。相较于 1 123 K 下的工况，1 173 K 与 1 223 K 的吸附层所覆盖的 z 方向高度增加，这是由于温度的升高使 CO 分子热运动加剧，导致被 $CaSO_4$ 载氧体吸附的 CO 分子运动幅度增加。由于吸附层中 CO 分子部分转移至体相层，且吸附层范围增加，导致 CO 分子与 $CaSO_4$ 狭缝表面的距离增加，从而使二者相互作用能减弱。随着吸附层范围增加幅度的降低，相互作用能增加幅度也减小。

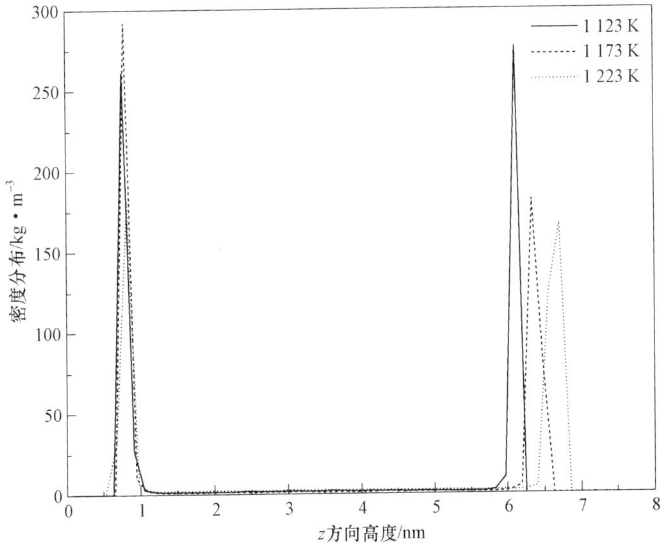

图 5-8　不同温度下 CO 分子的 z 方向密度分布

为进一步探讨狭缝中 CO 分子的分布情况，采用径向分布函数（radial distribution function，RDF）对 CO 分子的 C-O 距离与分子之间的距离进行了分析，其计算结果如图 5-9 所示。CO 分子中的 C-O 距离主要分为两类：一类距离为 0.1 nm 左右；另一类为 0.12 nm 左右，表明在动力学过程中，随着 CO 分子分布位置的改变，C-O 键长进行振荡。随着温度的上升，C-O 距离的 RDF 峰值增加，表明高温使 CO 分子的键长分布更加规律。CO 分子之间的 RDF 图中，1 223 K 时出现第一个峰的最大峰值，1 123 K 时最小，二者第一个峰所对应的距离几乎没有变化。该结果表明，温度的上升不会降低 CO 分子之间的最小距离，但会使远距离的 CO 分子相互靠近。这是由于随着温度的上升，分子热运动加剧，热运动导致 CO 分子有更大的运动范围，其自由度进一步加强。

1 123 K 与 1 223 K 下，CO 分子在 $CaSO_4$ 载氧体狭缝内的跑动扩散系数计算结果如图 5-10 所示。1 123 K 与 1 223 K 下，CO 分子在狭缝内的跑动扩散系数分别收敛于 0.035 nm^2/ps 与 0.088 nm^2/ps。对比图 5-5（c）中 1 173 K 下的 CO 分子跑动扩散系数可以发现，随着温度的升高，扩散系数升高，表明 CO 分子在高温下更容易在狭缝中进行扩散。结合前文实验结果表明，随着温度的上升，$CaSO_4$ 的反应速率明显加快。除了动力学过程速率的加快之外，CO 分子较好的扩散行为，导致受到 $CaSO_4$ 载氧体束缚的多数 CO 分子更易在狭缝中扩散，从而更易迁移至反应位点，加快反应的进行。因此，从扩散角度而言，温度的上升会导致 CO 分子扩散的加剧，有利于还原反应的进行。

可以采用公式 5.10 对不同温度下的扩散系数进行拟合。

$$D_{xy} = D_0 \exp\left(-\frac{E_{diffusion}}{RT}\right) \tag{5.10}$$

式中，D_{xy} 为扩散系数，nm^2/ps；D_0 为频率因子，nm^2/ps；$E_{diffusion}$ 为扩散活化能，J/mol；R 为理想气体常数；T 为温度，K。采用 Levenburg-Marquardt 算法对该曲线进行最小二乘法拟合，得到 6 nm 狭缝宽度下的扩散活化能为 100.20 kJ/mol，频率因子为 1 692.61 nm^2/ps，拟合度为 0.991 9。

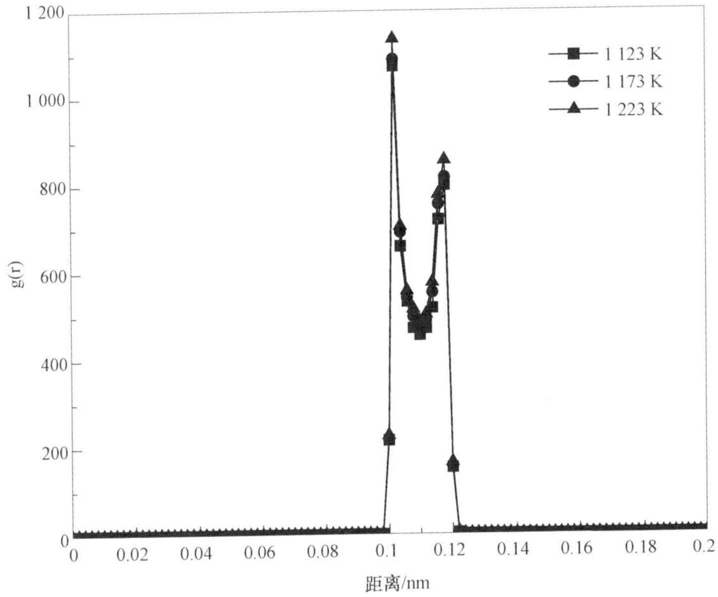

(a) C-O 距离

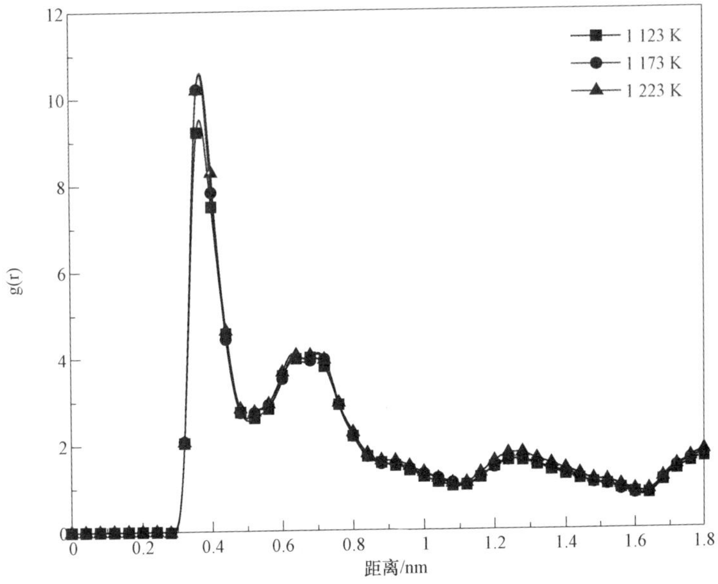

(b) CO 分子距离

图 5-9　不同温度下 CO 的径向分布函数

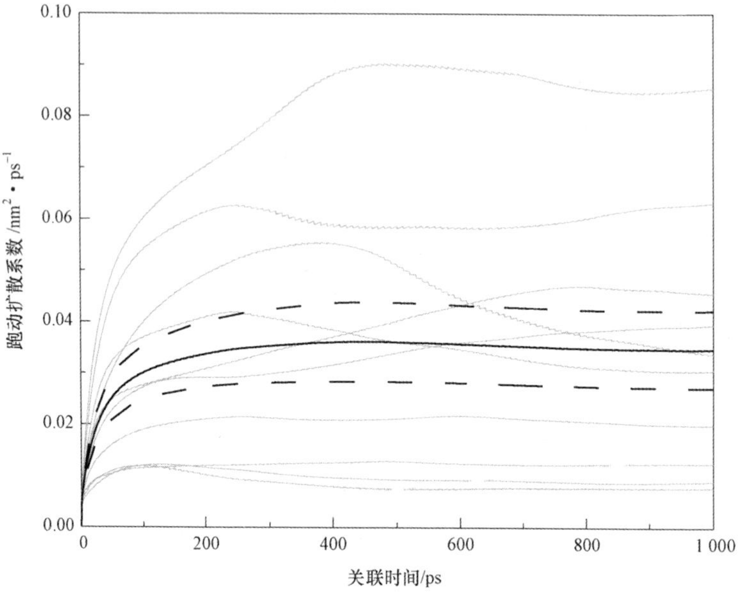

(a) 1 123 K

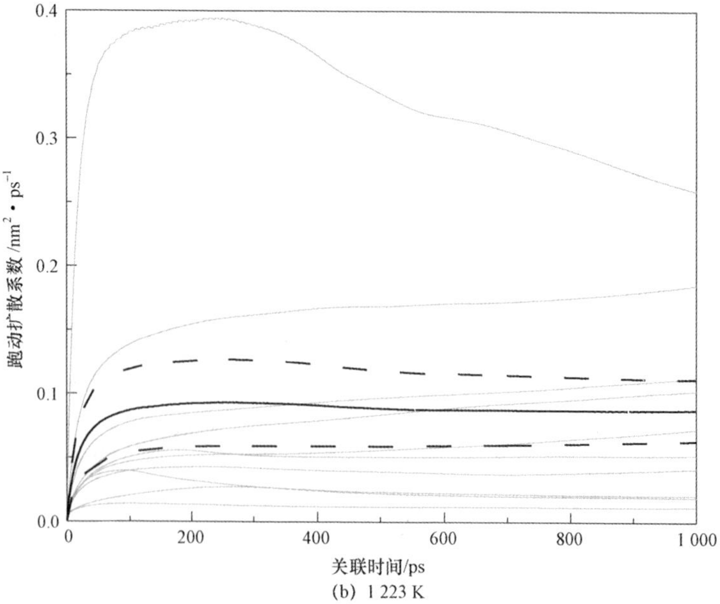

(b) 1 223 K

图 5-10　不同温度下 CO 分子的跑动扩散系数

5.6　不同燃料气体的扩散输运特性

本节主要讨论 CO、H_2、CH_4 三种气体在 $CaSO_4$ 载氧体孔道内的扩散行为，以此进一步了解 $CaSO_4$ 载氧体在内扩散阶段的性能。

1 173 K 温度下，三种气体在 6 nm 的 $CaSO_4$ 狭缝内，沿 z 方向的密度分布计算结果如图 5-11（a）所示，由于 H_2 的摩尔质量较低，在相同分子数下质量很轻，因此，图 5-11（b）显示了三种气体在 z 方向的摩尔密度分布情况。通过计算结果可知，CO 分子大部分处于吸附层中；CH_4 分子的密度分布在吸附层中出现明显峰值，有部分 CH_4 分子分布于体相层中；H_2 分子的吸附层和体相层的密度分布差异较小，可以认为其在夹缝中均匀分布。三种不同分子吸附层与体相层的位置有一定的差异，CO 分子吸附层的密度分布峰值所对应的 z 方向高度与 H_2 的接近，而 CH_4 的吸附层的起始点，距离 $CaSO_4$ 狭缝表面的距离较远。H_2 与 CO 的吸附层覆盖范围相近，CH_4 的吸附层覆盖范围较宽。在体相层中，CO 分子的分布量极少，而 CH_4 与 H_2 在体相层中的摩尔量较为相近。综上结果表明在多分子吸附于 $CaSO_4$ 载氧体孔道表面时，CO 分子的聚集程度最高，其被 $CaSO_4$ 载氧体束缚较强，CH_4 在较远的位置被束缚，而 $CaSO_4$ 载氧体束缚 H_2 的能力较弱。

燃料气体在 $CaSO_4$ 载氧体孔道表面动力学过程稳定工况下，H_2 与 CH_4 的 RDF 计算结果如图 5-12 所示。相较于图 5-9（b）中 CO 的集中分布，H_2 与 CH_4 的分布情况较为平均且松散，H_2 的 RDF 曲线更为平缓，表明 H_2 的分布更加均匀。该结果与密度分布的计算结果保持一致。RDF 曲线第一个峰所对应的距离为气体之间的最短距离，CO、H_2 与 CH_4 分子之间的最短距离分别为 0.4 nm、0.3 nm 与 1.2 nm，其中 H_2 分子之间的最短距离最小，这是由于 H_2 分子的直径最小；CH_4 分子之间的最短距离最大，这是由于 CH_4 是非极性气体，分子相互之间的相互作用较弱。RDF 曲线

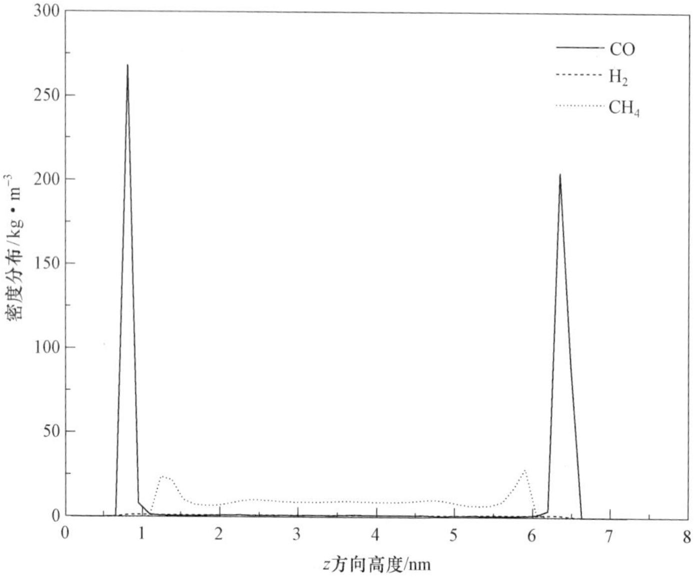

(a) 密度分布

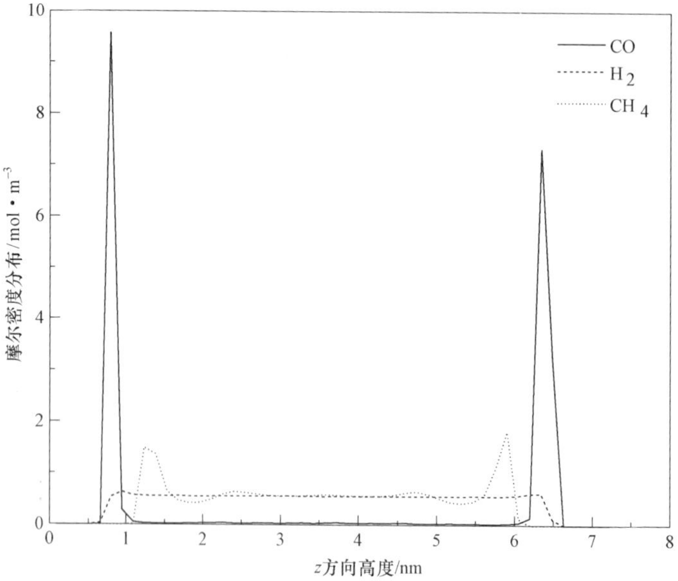

(b) 摩尔密度分布

图 5-11 不同燃料气体分子的 z 方向密度分布

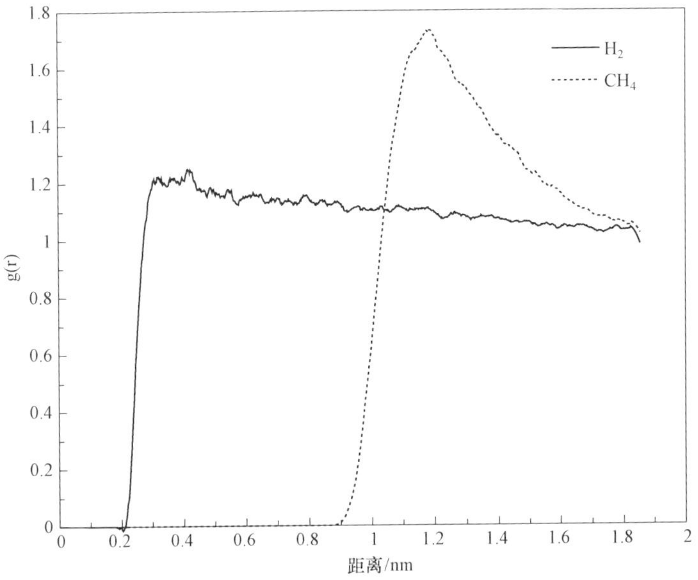

图 5-12　1 173 K 下 H_2 与 CH_4 分子的径向分布函数

的第一个峰的尖锐程度印证了密度分布情况，RDF 曲线的第一个峰值越大，则 z 方向密度分布曲线吸附层所对应的峰越尖锐，表明燃料气体分子在 $CaSO_4$ 载氧体孔道表面是分层吸附，在每一层中的气体分子之间的距离几乎一致，层与层之间的气体分子的距离有一定的差异。

图 5-13 为 H_2 与 CH_4 的跑动扩散系数，二者的扩散系数分别收敛于 7.12 nm^2/ps 与 0.38 nm^2/ps。相较于 CO 分子在孔道内的扩散系数，H_2 与 CH_4 的扩散系数较大，特别是 H_2 的扩散系数，明显大于其余两者，其符合理想气体动理论。本研究以煤为燃料的化学链燃烧实验中表明，H_2 与 CH_4 的浓度随反应时间持续减少，且出口检测不到两种气体，可知，H_2、CH_4 与 $CaSO_4$ 载氧体的反应性能较好。结合不同气体在 $CaSO_4$ 载氧体孔道内扩散系数的差异，可知，扩散系数越高的气体在孔道内的扩散能力越强，在多分子聚集情况下，更容易通过体相层扩散至未被占据的反应位点进行还原反应，从而表现良好的反应特性。

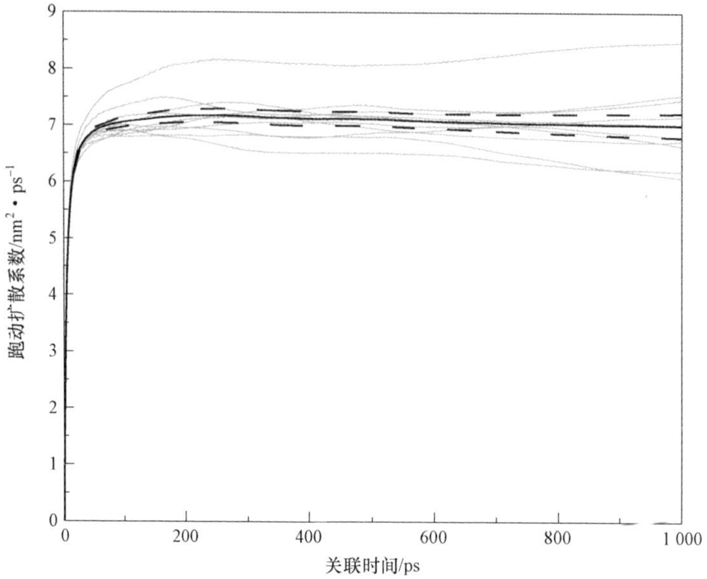

(a) H_2

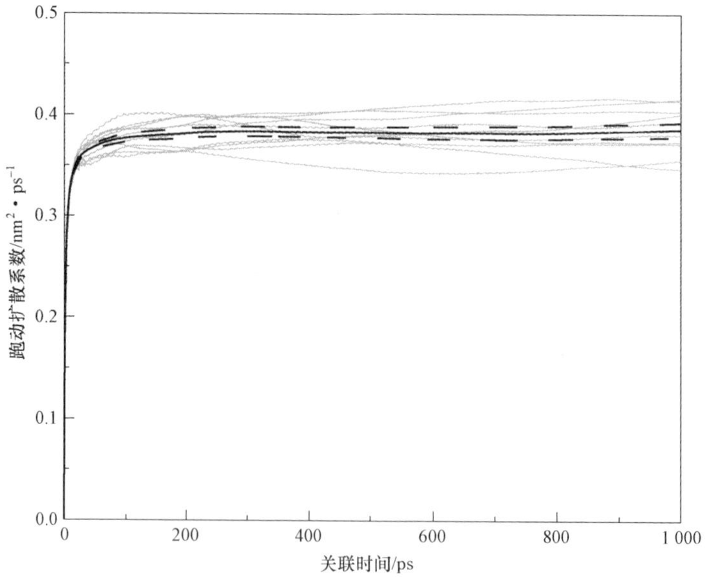

(b) CH_4

图 5-13　不同燃料气体分子的跑动扩散系数

5.7　Na、Fe 对扩散输运特性的影响

在固体燃料化学链燃烧中，燃料中的灰分对 $CaSO_4$ 载氧体的性能有一定的影响，其附着、迁移至载氧体表面、孔道之中，对气体燃料分子在 $CaSO_4$ 载氧内部狭缝中的扩散行为有一定的影响。我国准东煤的储量较高，其中碱金属、碱土金属、Fe 元素含量较高，由于 $CaSO_4$ 属于碱土金属硫酸盐，因此在本节的模拟计算中，仅考虑具有代表性的碱金属元素 Na 与 Fe 元素对 $CaSO_4$ 载氧体扩散特性的影响。研究中，Na、Fe 在载氧体表面的覆盖率采用单位 $CaSO_4$（010）表面晶胞覆盖率进行确定，当单位 $CaSO_4$（010）表面晶胞均有 1 个 Na 或 Fe 覆盖时，认为其覆盖率为 100%；当每 2 个 $CaSO_4$（010）表面晶胞有 1 个 Na 或 Fe 覆盖时，其覆盖率为 50%；当每 4 个 $CaSO_4$（010）表面晶胞有 1 个 Na 或 Fe 覆盖时，其覆盖率为 25%。

1 173 K 下，CO 分子在 Na、Fe 覆盖率为 25%、50%、100%的 6 nm$CaSO_4$ 狭缝中的 z 方向密度分布计算结果如图 5-14 所示。图 5-14 表明，在不同 Na 覆盖率的体系中，CO 在 25%Na 覆盖率的孔道与没有 Na 覆盖的孔道相比，吸附层的密度有所下降，体相层的密度有所上升；随着覆盖率增加至 50%时，吸附层 z 方向密度分布急剧减小，同时体相层的密度急剧升高；当覆盖率为 100%时，密度分布函数呈现与 H_2 较为相似的形状，体相层与吸附层的密度差别较小。相较于 25%～50%阶段的密度分布变化程度，0%～25%与 50%～100%阶段的密度变化较小。表明密度分布变化与 Na 覆盖率变化之间呈现非线性规律。在不同 Fe 覆盖率的体系中，Fe 覆盖体系在 0%～25%的变化程度相较于 Na 覆盖体系的 z 方向密度分布的改变较小；在 Fe 覆盖率上升至 50%后，CO 的密度分布情况接近于 H_2；而在 Fe 覆盖率为 100%的情况下，其密度分布和 50%的阶段相一致。表明在 Fe 覆盖率为 50%～100%的阶段，覆盖率的增加对体系的密度分布情况没有影响，在 50%覆盖率时，Fe 覆盖的效果已到达最大值。因此，Fe 的覆

盖比 Na 的覆盖对 $CaSO_4$ 载氧体孔道内密度分布的影响更大。

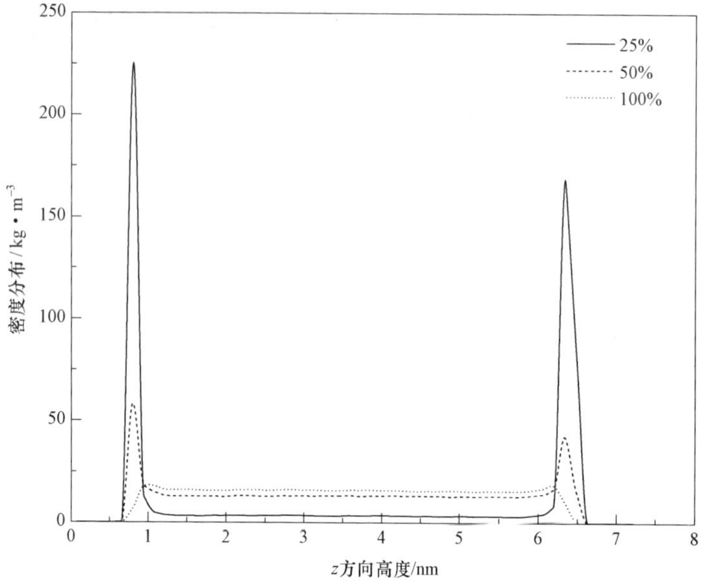

(a) 不同Na覆盖率

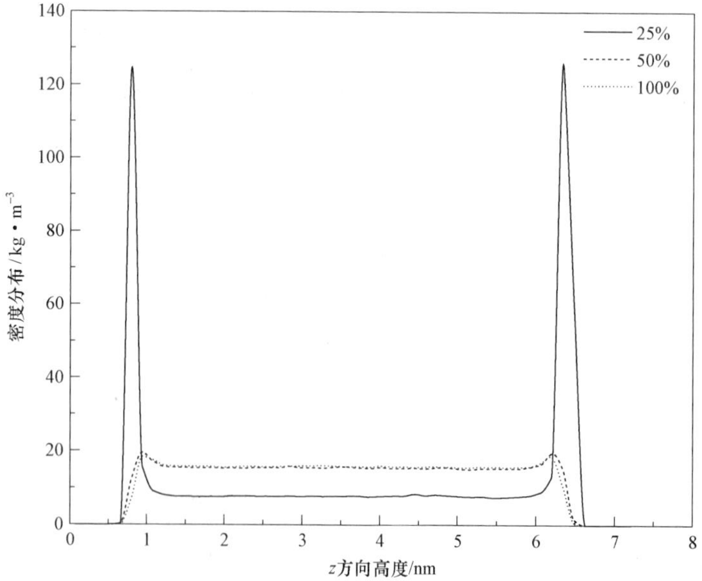

(b) 不同Fe覆盖率

图 5-14　不同 Na、Fe 覆盖率体系的 z 方向密度分布

不同的 Na、Fe 覆盖率的 $CaSO_4$ 载氧体孔道中，CO 分子的 C-O 键与 CO 分子之间的径向分布函数如图 5-15 所示。

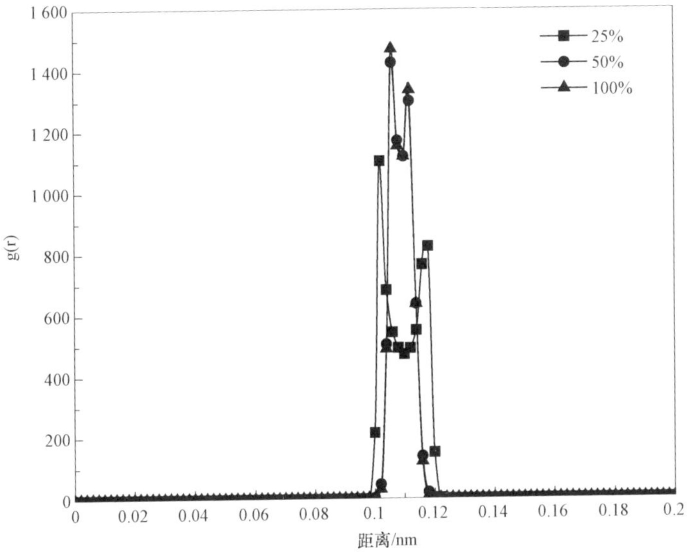

(a) 不同 Na 覆盖率 C-O 距离

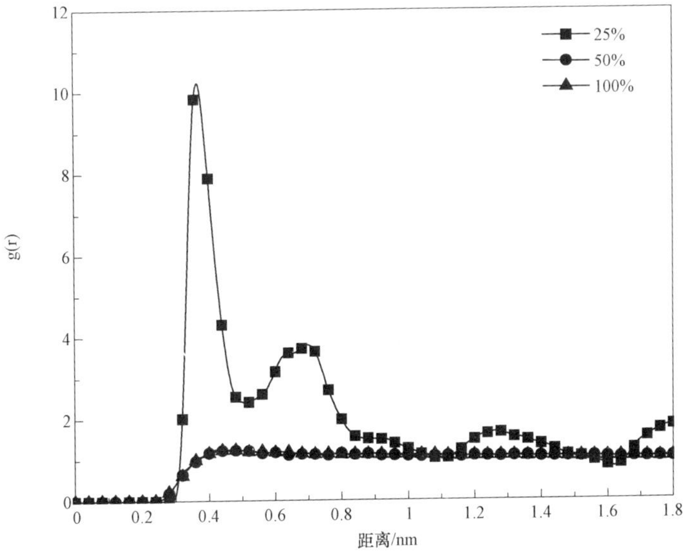

(b) 不同 Na 覆盖率 CO 分子距离

图 5-15　不同 Na、Fe 覆盖率体系 CO 分子的径向分布函数

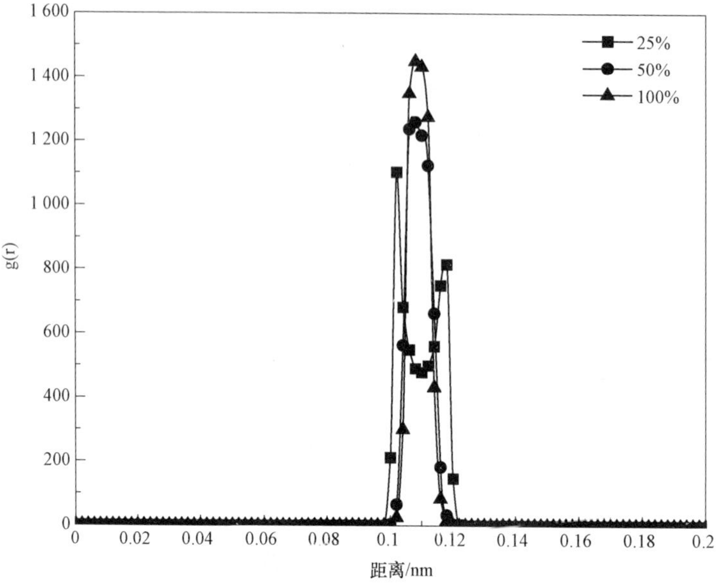

(c) 不同 Fe 覆盖率 C-O 距离

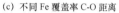

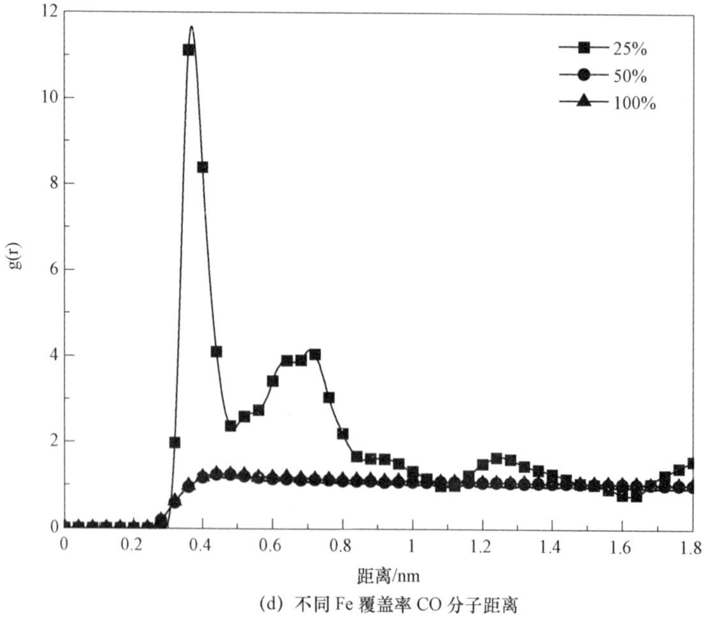

(d) 不同 Fe 覆盖率 CO 分子距离

图 5-15　不同 Na、Fe 覆盖率体系 CO 分子的径向分布函数（续）

在 Na 覆盖的体系中，相对于没有 Na 覆盖的体系，25%Na 覆盖率的 CO 分子 C-O 距离变化较小。相较于没有 Na 覆盖的体系，25%Na 覆盖体系的 RDF 曲线形状、RDF 峰值改变均较小。随着 Na 覆盖率的增加，CO 分子中 C-O 之间的距离分布范围逐步收缩，当 Na 覆盖率达到 50%时，RDF 的两个峰有明显的靠拢，且峰值增大。RDF 曲线形状接近于 H_2 的 RDF 曲线，表明更多的 CO 分子进入了体相层中，CO 分子之间的距离差异较小。当 Na 覆盖率为 100%时，其两个 RDF 峰之间的距离没有进一步减小，峰值略微增大。100%Na 覆盖率的曲线与 50%Na 覆盖率的曲线基本保持一致，该现象表明 Na 覆盖率超过 50%后，CO 分子的密度分布不再随着 Na 覆盖率的增加而变化。

CO 分子的 C-O 距离在 Fe 覆盖率为 25%的体系中，覆盖前后距离基本一致，表明金属较少地负载于 $CaSO_4$ 表面后对 CO 分子内部的改变较小。当 Fe 覆盖率达到 50%时，RDF 曲线的两个峰有部分叠加，并在覆盖率为 100%时两个峰值完全叠加为一个大峰。该现象表明 Fe 的覆盖率增大后，对 CO 分子内部的改变较大，CO 分子的 C-O 距离全部趋于一致。CO 分子之间的距离随 Fe 覆盖率的改变与 Na 覆盖的情形基本一致，当 Fe 覆盖率达到 50%后，孔道之中的 CO 分子之间的距离分布呈现与 H_2 分子相近的趋势，表明部分 CO 分子进入了体相层中，该结论与 *z* 方向密度分布结果保持一致。

CO 分子在 Na、Fe 覆盖后的 $CaSO_4$ 载氧体孔道中的扩散情况采用图 5-16 中的跑动扩散系数的差异进行表示。

其中，Na 覆盖体系的跑动扩散系数在关联时间为 800 ps 时已经达到收敛，而 Fe 覆盖体系的跑动扩散系数需要的关联时间为 1 500 ps。25%、50%、100%Na 覆盖率的体系跑动扩散系数分别收敛于 0.25 nm^2/ps、0.86 nm^2/ps、1.66 nm^2/ps；25%、50%、100%Fe 覆盖率的体系跑动扩散系数分别收敛于 0.91 nm^2/ps、1.73 nm^2/ps、1.74 nm^2/ps。对于 Na 覆盖体系，

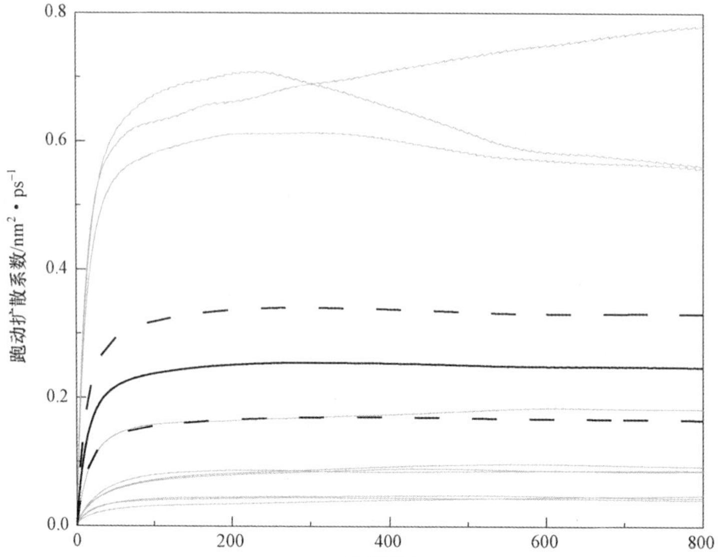

(a) Na 覆盖 25%

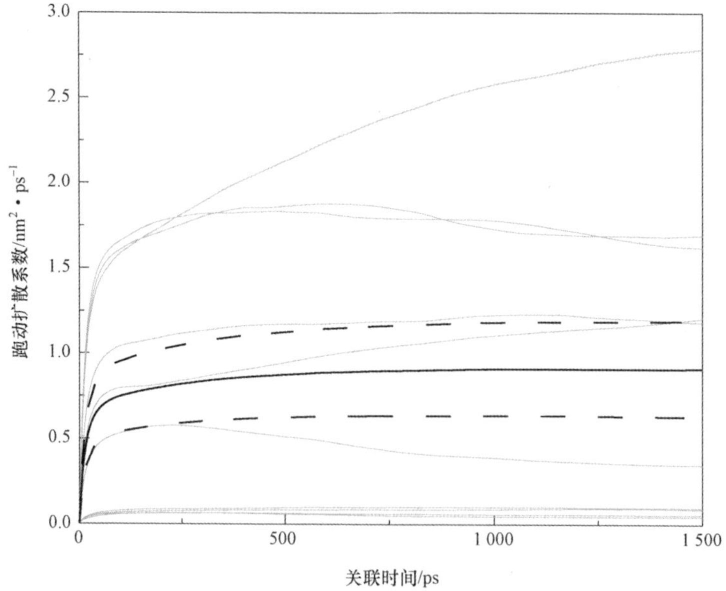

(b) Fe 覆盖 25%

图 5-16　不同 Na、Fe 覆盖率体系 CO 分子的跑动扩散系数

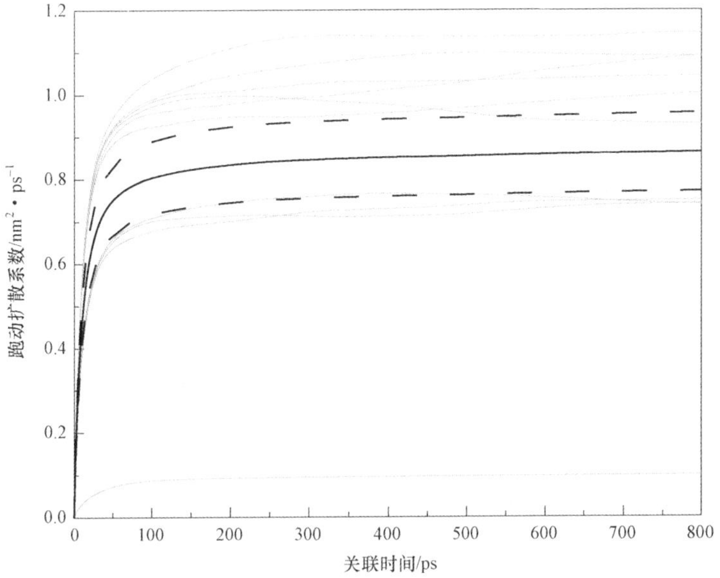

(c) Na 覆盖 50%

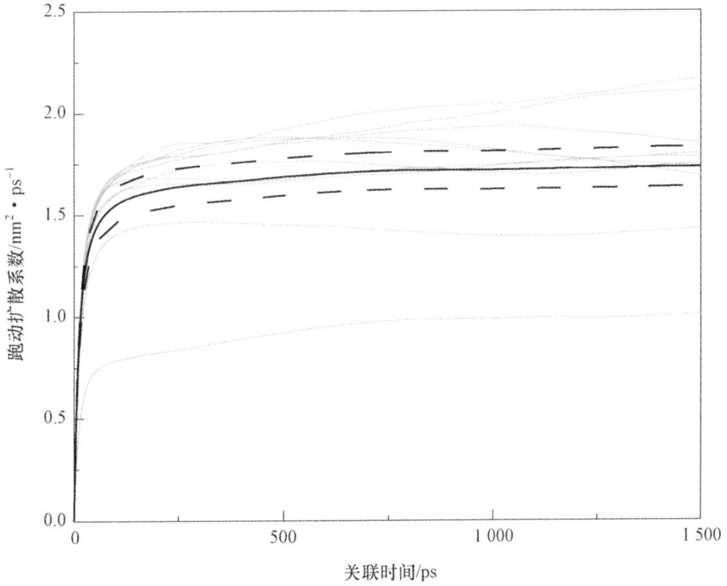

(d) Fe 覆盖 50%

图 5-16　不同 Na、Fe 覆盖率体系 CO 分子的跑动扩散系数（续）

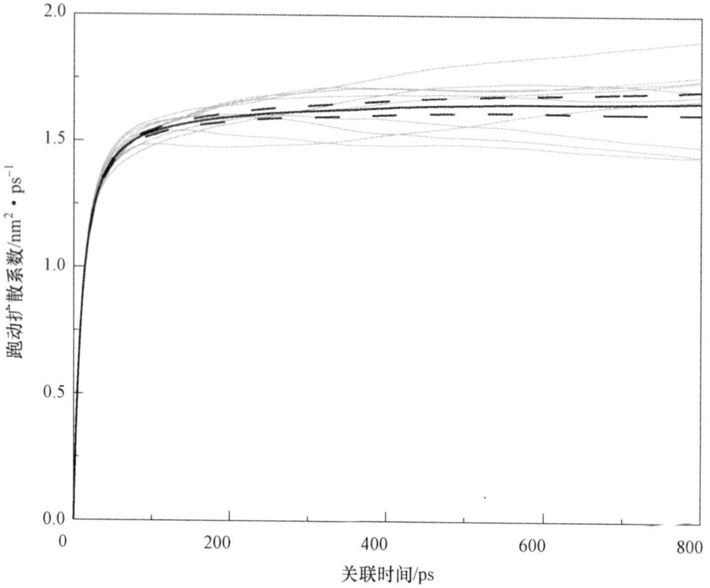

(e) Na覆盖100%

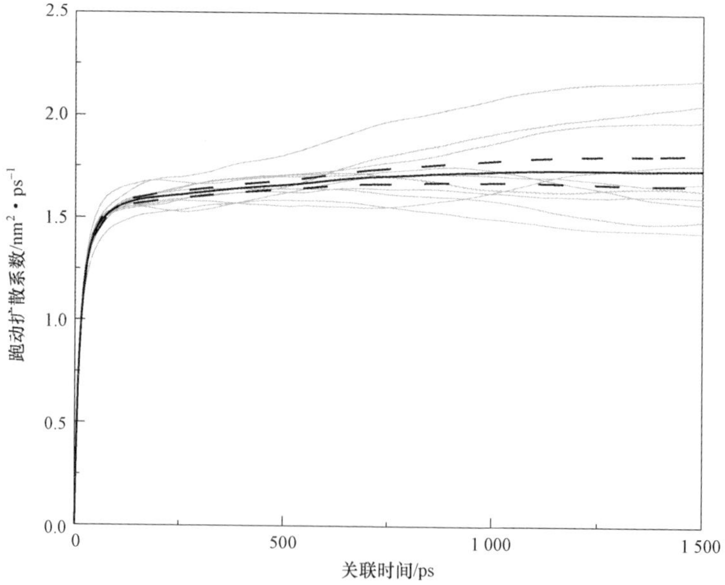

(f) Fe覆盖100%

图 5-16　不同 Na、Fe 覆盖率体系 CO 分子的跑动扩散系数（续）

随着 Na 覆盖率的持续上升，CO 分子的扩散系数持续增加，且在 25%～50%的阶段扩散系数增加的幅度较大，其余两个阶段的增加量较小，表明 CO 分子的扩散系数与 $CaSO_4$ 孔道表面 Na 覆盖率之间存在非线性关系。Na 在 $CaSO_4$ 孔道表面覆盖率为 100%时，CO 分子的扩散系数是纯净孔道表面工况的 27 倍。对于 Fe 覆盖体系，CO 分子的扩散系数仅在 Fe 覆盖率小于 50%阶段有明显的增加，当 Fe 覆盖率大于 50%后，CO 分子扩散系数几乎没有变化。表明 Fe 覆盖率为 50%时，Fe 的作用效果已经达到饱和，该条件下的 CO 分子扩散系数约为纯净 $CaSO_4$ 载氧体孔道表面扩散系数的 28 倍。以上两点结论与 z 方向密度分布的结论相符。Na、Fe 覆盖率为 25%与 50%的阶段，Fe 覆盖体系的 CO 分子扩散系数明显大于 Na 覆盖体系，表明 Fe 对 CO 分子扩散能力的改变作用更明显。而在 100%覆盖率的情况下，两个体系的 CO 分子扩散系数较为接近，表明 Na 覆盖可以通过量的增加达到与 Fe 相近的改变效果。

综上，通过 Na、Fe 不同覆盖率体系下 CO 分子扩散系数的改变，可知，Na、Fe 覆盖有利于 CO 分子在孔道中进行扩散，迁移至未被占据的反应位点，从而增加 $CaSO_4$ 载氧体的活性。其中 Fe 的效果更为明显，当达到表面覆盖率为 50%的程度时即可达到最好的效果；Na 则需要达到 100%覆盖率才可接近 Fe 的增益效果。该结论为固体燃料化学链燃烧中采用不同灰分进行载氧体改性提供了理论基础。

5.8　本章小结

在本章，我们主要通过分子动力学，以狭缝作为孔道模型，对不同工况下燃料气体分子在 $CaSO_4$ 载氧体孔道内的扩散输运过程进行了模拟研究，所针对的工况分别为不同狭缝宽度、不同温度、不同燃料气体分子、不同的 Na、Fe 覆盖率。本章研究得到的主要结论有以下几点：

（1）在压力不变的情况下，随着狭缝宽度的增加，气体分子数增多，

致使 $CaSO_4$ 载氧体孔道表面对单个 CO 分子的作用强度降低，从而减弱了 CO 分子的束缚；CO 分子的吸附层与体相层的分界点远离表面；CO 分子的扩散能力先增加后减少，增加的原因为 $CaSO_4$ 孔道表面束缚 CO 分子的能力降低，减少的原因为 CO 分子数目增多，导致分子碰撞加剧。

（2）温度上升导致 CO 分子与 $CaSO_4$ 载氧体孔道表面的相互作用减弱，表明 CO 分子物理吸附于 $CaSO_4$ 载氧体孔道表面；CO 分子的扩散能力持续增加，导致其易于扩散至未被占据的反应位点。

（3）在不同种类气体燃料的扩散输运模拟中，H_2 分子吸附层与体相层的密度差别最小，且其扩散能力最好；CH_4 的扩散能力次之；CO 分子吸附层密度最高，体相层的密度非常低，在三种气体分子中最难在孔道之中扩散。

（4）当 $CaSO_4$ 载氧体负载 Na、Fe 后，CO 分子在孔道内部的扩散能力明显改善，且在相同覆盖率的情况下，Fe 的改善效果明显大于 Na。当 Fe 在 $CaSO_4$ 孔道表面的覆盖率达到 50%时，其改善效果达到饱和，该条件下的 CO 分子扩散系数约为纯净 $CaSO_4$ 孔道表面 CO 分子扩散系数的 28 倍；Na 在 $CaSO_4$ 孔道表面的改善效果随 Na 覆盖率的增加持续增强，Na 覆盖率为 100%时，该条件下的 CO 分子扩散系数约为纯净 $CaSO_4$ 孔道表面 CO 分子扩散系数的 27 倍。

本章结论可以为固体燃料化学链燃烧中利用灰分对载氧体改性提供理论支撑。

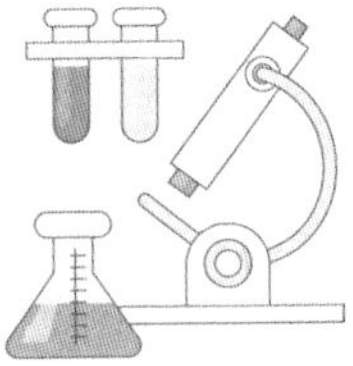

第 6 章

研究总结与未来展望

6.1 本研究工作结论

全球气候变暖是人类面临的问题之一，结合我国以化石能源为主的一次能源消费现状，对化石能源利用所产生的 CO_2 进行捕集非常重要。传统的 CO_2 捕集方式均会产生额外的分离能耗，造成系统经济性下降，而化学链燃烧在实现 CO_2 分离的同时，不会造成额外的分离耗能，并实现能量的梯级利用，因此其具有良好的发展前景。由于煤在我国一次能源消费占比超过 50%，因此，固体燃料化学链燃烧的研究意义较大。载氧体在化学链燃烧中是主要的氧传输介质。其中，$CaSO_4$ 载氧体载氧量高、价格低廉、对环境友好、在热力学上反应性能较好，是较为理想的载氧体。但 $CaSO_4$ 载氧体存在反应速率低、反应过程中有硫释放等缺点。对于硫释放的问题，可以采用添加 CaO 等方法予以解决，因此反应速率较低成为 $CaSO_4$ 载氧体的应用亟需解决的问题。本研究主要通过实验与计算相结合的方法，对 $CaSO_4$ 载氧体的反应性能进行了深入研究，具体研究工作结论如下：

（1）将军庙煤热解反应与将军庙煤-$CaSO_4$/CaO 还原反应的耦合热重

分析表明，热解反应的 DTG 最大失重峰出现于 724 K，该峰由四个温度的失重峰叠加而成，而在还原反应中 675 K 左右的 DTG 失重峰为挥发分析出过程，由于析出的挥发分部分吸附于 $CaSO_4$/CaO 载氧体表面，导致该失重峰较为尖锐，且峰值提前出现。还原反应有 3 个主要的 TG 失重区间，分别为轻质挥发分析出阶段（675 K）、载氧体吸附的可燃热解气氧化阶段（895 K）、活性较低的吸附热解气被氧化与少量 $CaSO_4$ 热分解阶段（1 173 K）；采用 FWO 法与 Starink 法求取的还原反应平均表观活化能分别为 124.96 kJ/mol 与 118.63 kJ/mol，还原反应第二个失重峰的表观活化能最低，表明被吸附后的气体易于进行表面反应；Popescu 法研究表明，还原反应三个失重阶段的机理函数分别遵循 Avrami-Erofeev 方程、Z-L-T 方程与 Mempel Power 法则。获得的各反应阶段机理函数可用于确定实际应用中反应器燃料转化率。

（2）CO 与被还原 $CaSO_4$（010）表面的密度泛函理论计算结果表明：CO 物理吸附于 $CaSO_4$（010）表面及其被还原表面，属于弱相互作用体系，表面外层氧含量为 100%、75%、50%_1、50%_2 与 25%阶段中，最稳定构型的吸附能分别为 −32.82 kJ/mol、−32.13 kJ/mol、−40.45 kJ/mol、−44.25 kJ/mol 与 −6.8 kJ/mol。在 $CaSO_4$（010）表面外层氧含量为 100%～50%的阶段，CO 与表面的吸引作用主要由静电作用贡献；在 25%的阶段，CO 与表面的吸引作用为静电作用与 London 色散作用共同主导。各吸附阶段中，CO 与表面之间的电子转移均小于 0.1 e，其中 50%_2 阶段电子转移量最多；$CaSO_4$（010）表面外层氧含量为 100%的阶段 CO 失去电子，其余阶段 CO 得到电子。在 $CaSO_4$（010）表面外层氧含量为 100%～50%的阶段，CO 与表面为纯闭壳作用，且以 Ca-C 相互作用为主，IGM 分析进一步证明了该结论，且确定了各个阶段的弱相互作用区域。吸附能力较弱是 $CaSO_4$ 载氧体反应性能较弱的主要原因之一；其中，表面氧含量为

25%阶段的吸附能力最弱，其为实验中反应末期反应性能大幅下降的主要原因。在表面反应中，还原反应的正向能垒均低于逆向能垒；分解积碳反应中正向反应的能垒高于逆向反应，且随着氧含量的降低，逆向能垒逐步升高，使分解积碳反应更加容易进行。动力学分析结果表明，在还原反应中，$CaSO_4$（010）表面外层氧含量为 75%阶段的正反应限制性步骤，$CaSO_4$（010）表面外层氧含量为 25%的阶段逆反应为限制性步骤；反应平衡模拟结果表明，温度的上升会降低 CO 氧化为 CO_2 的转化率，而增加分解积碳反应的转化率；载氧体比例的增加使 CO 氧化为 CO_2 的转化率升高，降低积碳反应的发生；载氧体的不足或在被大量还原后的阶段最易发生分解积碳反应，造成 CO 的转化不完全，从而导致碳捕集率的降低。

（3）焦炭探针分子在与 $CaSO_4$ 载氧体表面的结合过程中，半经验紧缚型量子化学方法的理论计算结果与分析表明：焦炭在 $CaSO_4$ 载氧体常见的（010）表面以弱相互作用结合，为放热反应，其中 London 色散作用对结合作用的贡献最大。焦炭与 $CaSO_4$（010）表面的结合中，二者存在氢键作用，氢键成分以色散作用为主。结合区域中，焦炭各原子的δg指数在 0.156 4～0.595 8 范围内，表面各原子的δg 指数在 0.234 8～0.485 4 范围内。焦炭与 $CaSO_4$（010）表面的反应区域内有部分电子聚集，但几乎没有片段之间的电子转移。相较于在 $CaSO_4$（010）表面的结合，焦炭在 $CaSO_4$（100）与 $CaSO_4$（001）表面的结合更紧密，表明表面活性的增大有助于焦炭分子的结合；AIM、IGM、EDD 等波函数分析表明，虽然活性较高的 $CaSO_4$（100）与 $CaSO_4$（001）表面可增强焦炭的结合能力，但其仍然属于纯闭壳层作用体系，体系中的片段间电子转移仍很弱。可通过掺杂、改性等方式进一步优化载氧体，以增强电子转移能力，增大钙基载氧体活性，提升结合强度。

（4）经典分子动力学模拟表明：随着狭缝宽度的增加，$CaSO_4$ 载氧体孔道表面对单个 CO 分子的作用强度降低，减弱了 CO 分子的束缚，导致 CO 分子的吸附层与体相层的分界点远离表面；CO 分子的扩散能力随狭缝宽度的增加，先增加后减少，增加的原因为 $CaSO_4$ 孔道表面束缚 CO 分子的能力降低，减少的原因为 CO 分子数目的增多，导致分子碰撞的加剧。温度上升导致 CO 分子与 $CaSO_4$ 载氧体孔道表面的相互作用减弱，表明了 CO 分子物理吸附于 $CaSO_4$ 载氧体孔道表面。随着温度升高，CO 分子的扩散能力持续升高，导致其易于扩散至未被占据的反应位点。在不同气体燃料的扩散输运模拟中，H_2 分子吸附层与体相层的密度差别最小，扩散能力最好；CH_4 的扩散能力次之；CO 分子吸附层密度最高，体相层的密度非常低，最难在孔道之中扩散。当 $CaSO_4$ 载氧体负载 Na、Fe 后可以明显改善 CO 分子在孔道内部的扩散能力，在相同覆盖率的情况下，Fe 的改善效果要明显大于 Na。当 Fe 在 $CaSO_4$ 孔道表面的覆盖率达到 50%时，其改善效果达到饱和，该条件下的 CO 分子扩散系数约为纯净 $CaSO_4$ 孔道表面 CO 分子扩散系数的 28 倍；Na 在 $CaSO_4$ 孔道表面的改善效果随 Na 覆盖率的增加持续增强，Na 覆盖率为 100%时，该条件下的 CO 分子扩散约为纯净 $CaSO_4$ 孔道表面 CO 分子扩散系数的 27 倍。

6.2 研究工作创新点

本研究采用热重实验、密度泛函理论、半经验紧缚型量子化学方法、经典分子动力学结合的方法对 $CaSO_4$ 载氧体的综合反应性能进行了研究，具体研究工作创新点如下：

（1）基于无模型拟合的动力学分析，确定了固体燃料-$CaSO_4$ 载氧体总包反应的动力学参数及其机理函数，为进一步的工业应用提供了理论基础。

（2）构建了多还原态的 $CaSO_4$（010）表面模型，针对该模型动力学过程的气固基元反应，进行了密度泛函理论计算，得到了气固反应中 $CaSO_4$ 表面氧含量与表面吸附、反应的关系，从微观角度解释了实验末期反应速率下降、积碳严重现象产生的原因；对计算结果进行了深层次剖析，得到了 CO 与 $CaSO_4$ 反应的本质；基于密度泛函理论计算结果，从热力学角度构建了基元反应中各物质的平衡关系与求解微观反应的化学平衡方法，为基于密度泛函理论计算结果的进一步分析提供了新的思路。

（3）在基于 $CaSO_4$ 载氧体化学链燃烧的固固反应中，对半经验紧缚型量子化学方法进行了匹配与应用。同时，借鉴构象搜索与高通量计算的思路，研究了大分子体系的结合过程，同时采用波函数分析进一步揭示了 $CaSO_4$ 载氧体与焦炭分子之间的弱相互作用本质。

（4）对化学链燃烧中气体在载氧体孔道的扩散过程进行了独立模拟，充分考虑了分子动力学中分子初始速度、位置分布的随机性，研究了温度、孔径大小等宏观因素对气体分子扩散输运特性的影响；同时，对 Na、Fe 等负载于孔道表面后对气体的扩散输运特性的影响进行了预测性模拟分析。

6.3　未来研究工作展望

本研究工作主要为机理研究，其为中试、大规模应用性研究的基础，主要为 $CaSO_4$ 载氧体的工业应用提供前瞻性的理论指导。因此，未来的研究工作将基于本研究结果，着重进行相关实验研究，具体研究工作展望内容如下：

（1）由于 $CaSO_4$ 载氧体与燃料分子的结合能力较弱，因此可考虑在 $CaSO_4$ 载氧体的掺杂、改性中，着重提高载氧体的电子转移能力，以增强其与燃料分子的结合能力。

（2）灰分中包含碱金属、碱土金属、过渡金属等元素，这些元素具有催化作用。因此，可考虑采用灰分廉价地改性 $CaSO_4$ 载氧体。需研究灰分中不同矿物质及其协同作用，对 $CaSO_4$ 载氧体反应性能的作用机制，从灰分矿物质组成的角度挑选适用于该技术的煤种。

（3）由于化学链燃烧与钙基载氧体的应用主要是因其成本较低。因此，为了提高钙基载氧体的反应效率，可在燃料反应器中对其进行原位改性。利用固体燃料的灰分提高钙基载氧体的吸附能力与反应速率，从而提升还原反应性能。

符号表

α	转化率，%	δE_{deform}	形变能，kJ/mol
W	样品质量，mg	δE_{elstat}	静电作用能，kJ/mol
E	表观活化能，J/mol	$\delta E_{exch+PAW,\ corr}$	交换关联作用能，kJ/mol
A	指前因子	$\delta E_{corr,\ rest}$	剩余重复计数校正能，kJ/mol
T	反应温度，K	$\delta E_{dispersion}$	伦敦色散作用能，kJ/mol
t	时间，s	ρ	电子密度
β	升温速率，K/s	$\nabla^2\rho$	电子密度的拉普拉斯
$G(\alpha)$	机理函数的积分	V	势能密度
$p(x)$	温度积分	G	Lagrangian 动能密度
R	理想气体常数	H	能量密度
C_o	FWO 法的常数项	sign（λ_2）	电子密度 Hessian 矩阵的本征值符号
C_k	KAS 法的常数项		
C_s	Starink 法的常数项	δg	三维实空间函数
S	Starink 法的参数	$k(T)$	温度 T 下的反应速率常数
B	Starink 法的参数	κ	隧道效应透射系数
$f(\alpha)$	机理函数	k_B	Boltzmann 常数
r^2	拟合度	h	普朗克常数

γ	表面能，J/m^2	$Q^{\neq}$	过渡态配分函数
A_s	面积，m^2	Q_A	物质 A 的配分函数
$E_{surface}$	切割表面总能量，J	E_a	反应能垒，J/mol
E_{bulk}	晶体单胞能量，J	δG	反应自由能垒，J/mol
n	切割表面所包含的单胞数量	$v^{\neq}$	过渡态虚频，s^{-1}
n_{origin}	$CaSO_4$ 表面最外层氧原子数	δE	反应活化能，J/mol
$n_{reduced}$	被还原表面最外层氧原子数	t_{half}	反应半衰期，s
χ	$CaSO_4$ 表面最外层氧含量	$k_{constant}$	反应速率常数
E_{ad}	吸附能，kJ/mol	δG_c	吉布斯自由能变，kJ/mol
E_{CO}	孤立态CO分子能量，kJ/mol	K_{eq}	化学平衡常数
$E_{surface}$	孤立态表面能量，kJ/mol	E_b	结合能，kJ/mol
$E_{CO+surface}$	吸附构型总能量，kJ/mol	E_{total}	结合体系的总能
$E_{char,fragment}$	焦炭分子的能量，kJ/mol	$E_{CaSO_4,fragment}$	表面的能量，kJ/mol
E_{HB}	氢键键能，kcal/mol		
ρ_{BCP}	键临界点的电子密度		
$E_{ij}(r_{ij})$	两个粒子相互作用势能，kJ/mol		

r_{ij}	两个粒子之间的距离，nm
$E_{interaction}$	相互作用能，kJ/mol
E_{LJ}	L-J 非键作用能，kJ/mol
E_C	库仑作用能，kJ/mol
f	电转化系数，kJ·nm/（mol·e^2）
ε_r	相对介电常数
q_i	电荷量，e
E_{morse}（r）	Morse 化学键势能，kJ/mol
D	解离能，kJ/mol
k_{morse}	力常数
r_0	平衡距离，Å
D（t）	二维扩散系数，m^2/s
Δx、Δy	x、y 方向的位移，m
x_i、y_i	第 i 个原子的坐标
D_{xy}	x、y 方向的扩散系数，nm^2/ps
D_0	频率因子，nm^2/ps
$E_{diffusion}$	扩散活化能，J/mol

参考文献

［1］BP Group.Statistical review of world energy 2020 69th edition［R］. London：BP Group，2020.

［2］SAVARESI A.The Paris agreement：a new beginning?［J］. Journal of Energy & Natural Resources Law，2016，34（1）：16-26.

［3］田春筝，李琼林，宋晓凯. 风电场建模及其对接入电网稳定性的影响分析［J］. 电力系统保护与控制，2009，37（19）：46-51.

［4］卢兰兰，毕冬勤，刘壮，等. 光伏太阳能电池生产过程中的污染问题［J］. 中国科学：化学，2013，43（6）：687-703.

［5］DESCAMPS C，BOUALLOU C，KANNICHE M.Efficiency of an integrated gasification combined cycle（IGCC）power plant including CO_2 removal［J］. Energy，2008，33（6）：874-881.

［6］ORDORICA-GARCIA G，DOUGLAS P，CROISET E，et al. Techno-economic evaluation of IGCC power plants for CO_2 avoidance［J］. Energy Conversion and Management，2006，47（15）：2250-2259.

［7］STRAZISAR B R，ANDERSON R R，WHITE C M.Degradation pathways for monoethanolamine in a CO_2capture facility［J］. Energy & Fuels，2003，17（4）：1034-1039.

［8］KIM I，SVENDSEN H F. Heat of absorption of carbon dioxide（CO_2）in monoethanolamine（MEA）and 2-（aminoethyl）ethanolamine（AEEA）solutions［J］. Industrial & Engineering Chemistry Research，2007，46（17）：5803-5809.

[9] BUHRE B J P，ELLIOTT L K，SHENG C D，et al. Oxy-fuel combustion technology for coal-fired power generation [J]. Progress in Energy and Combustion Science，2005，31（4）：283-307.

[10] GLARBORG P，BENTZEN L L B.Chemical effects of a high CO_2 concentration in oxy-fuel combustion of methane [J]. Energy & Fuels，2008，22（1）：291-296.

[11] YANG H，JIN J，LIU D，et al. The effect on ash deposition by blending high-calcium Zhundong coal with vermiculite：Focusing on minerals transformations [J]. Asia-Pacific Journal of Chemical Engineering，2020：2571.

[12] YANG H，JIN J，LIU D，et al. The influence of vermiculite on the ash deposition formation process of Zhundong coal [J]. Fuel，2018，230：89-97.

[13] WANG Y，JIN J，LIU D，et al. Understanding ash deposition for the combustion of Zhundong coal：Focusing on different additives effects [J]. Energy & Fuels，2018，32（6）：7103-7111.

[14] WANG Y，JIN J，LIU D，et al. Understanding ash deposition for Zhundong coal combustion in 330 MW utility boiler：Focusing on surface temperature effects [J]. Fuel，2018，216：697-706.

[15] YU Z，JIN J，HOU F，et al. Understanding effect of phosphorus-based additive on ash deposition characteristics during high-sodium and high-calcium Zhundong coal combustion in drop-tube furnace [J]. Fuel，2020：119462.

[16] WANG Y，JIN J，KOU X，et al. Understanding the mechanism for the formation of initial deposition burning Zhundong coal：DFT calculation

and experimental study [J]. Fuel，2020，269：117045.

[17] YU Z，JIN J，YANG H，et al. Effect of struvite addition on relieving the slagging tendency during Zhundong coal combustion [J]. Energy & Fuels，2019，33（12）：12251-12259.

[18] 李尚，金晶，林郁郁，等. 准东煤与污泥共热解过程中 NO_x 前驱物释放规律 [J]. 化工学报，2017，68（5）：2089-2095.

[19] 沈洪浩，金晶，林郁郁，等. CaO 对大豆蛋白热解特性及 NH_3 等含氮化合物释放的影响 [J]. 化工进展，2016，35（7）：2263-2267.

[20] 侯封校，金晶，林郁郁，等. Fe_2O_3 对污泥热解特性及部分 NO_x 前驱物转化规律的影响 [J]. 燃烧科学与技术，2017，23（1）：90-95.

[21] ZHAO B，JIN J，LI S，et al. Co-pyrolysis characteristics of sludge mixed with Zhundong coal and sulphur contaminant release regularity [J]. Journal of Thermal Analysis and Calorimetry，2019，138（2）：1623-1632.

[22] RICHTER H J，KNOCHE K F.Reversibility of combustion processes：Efficiency and Costing [J]. American Chemical Society，1983，235：71-85.

[23] ISHIDA M，ZHENG D，AKEHATA T.Evaluation of a chemical-looping-combustion power-generation system by graphic exergy analysis [J]. Energy，1987，12（2）：147-154.

[24] OLALEYE A K，WANG M.Techno-economic analysis of chemical looping combustion with humid air turbine power cycle [J]. Fuel，2014，124：221-231.

[25] ZHU L，JIANG P，FAN J.Comparison of carbon capture IGCC with chemical-looping combustion and with calcium-looping process driven

by coal for power generation [J]. Chemical Engineering Research and Design，2015，104：110-124.

[26] FAN J，HONG H，JIN H.Biomass and coal co-feed power and SNG polygeneration with chemical looping combustion to reduce carbon footprint for sustainable energy development：Process simulation and thermodynamic assessment[J]. Renewable Energy，2018，125：260-269.

[27] LYNGFELT A，LECKNER B，MATTISSON T.A fluidized-bed combustion process with inherent CO_2 separation；application of chemical-looping combustion [J]. Chemical Engineering Science，2001，56（10）：3101-3113.

[28] KRONBERGER B，LYNGFELT A，LÖFFLER G，et al. Design and fluid dynamic analysis of a bench-scale combustion system with CO_2 separation-chemical-looping combustion [J]. Industrial & Engineering Chemistry Research，2005，44（3）：546-556.

[29] LYNGFELT A，THUNMAN H.Construction and 100 h of operational experience of a 10 kW chemical-looping combustor：Carbon dioxide capture for storage in deep geologic formations[J]. Elsevier Ltd，2005：625-645.

[30] 关彦军，常剑，张锴，等. 双流化床反应器间气体泄漏规律的数值模拟 [J]. 化学反应工程与工艺，2014，30（1）：48-56.

[31] BERGUERAND N，LYNGFELT A.Design and operation of a 10 kW_{th} chemical-looping combustor for solid fuels-Testing with South African coal [J]. Fuel，2008，87（12）：2713-2726.

[32] 陈曦，马珺晨，赵海波.50 kW_{th} 双循环流化床煤化学链燃烧系统热态 CPFD 模拟 [J]. 工程热物理学报，2018，39（9）：2072-2080.

[33] THON A，KRAMP M，HARTGE E U，et al. Operational experience with a system of coupled fluidized beds for chemical looping combustion of solid fuels using ilmenite as oxygen carrier [J]. Applied Energy，2014，118：309-317.

[34] 沈天绪，吴建，闫景春，等. 双级燃料反应器的煤化学链燃烧特性 [J]. 化工学报，2018，69（9）：3965-3974.

[35] 闫景春，沈来宏. 基于燃料氧化分级的化学链燃烧冷态实验研究[J]. 工程热物理学报，2017，38（3）：665-671.

[36] 吴健，沈来宏，蒋守席，等. 基于双级燃料反应器的污泥化学链燃烧特性 [J]. 化工进展，2018，37（7）：2830-2836.

[37] FENG X，SHEN L，WANG L.Effect of baffle on hydrodynamics in the air reactor of dual circulating fluidized bed for chemical looping process [J]. Powder Technology，Elsevier，2018，340：88-98.

[38] MA J，ZHAO H，TIAN X，et al. Chemical looping combustion of coal in a 5 kW_{th} interconnected fluidized bed reactor using hematite as oxygen carrier [J]. Applied Energy，2015，157：304-313.

[39] SHEN L，WU J，XIAO J.Experiments on chemical looping combustion of coal with a NiO based oxygen carrier [J]. Combustion and Flame，2009，156（3）：721-728.

[40] SHEN L，WU J，XIAO J，et al. Chemical-looping combustion of biomass in a 10 kW_{th} reactor with iron oxide as an oxygen carrier [J]. Energy & Fuels，2009，23（5）：2498-2505.

[41] GARCÍA-LABIANO F，DE DIEGO L F，ADÁNEZ J，et al. Reduction and oxidation kinetics of a copper-based oxygen carrier prepared by impregnation for chemical-looping combustion [J]. Industrial &

Engineering Chemistry Research，2004，43（26）：8168-8177.

[42] CHUANG S Y，DENNIS J S，HAYHURST A N，et al. Development and performance of Cu-based oxygen carriers for chemical-looping combustion [J]. Combustion and Flame，2008，154（1）：109-121.

[43] DE DIEGO L F，GAYÁN P，GARCÍA-LABIANO F，et al. Impregnated CuO/Al_2O_3 oxygen carriers for chemical-looping combustion：Avoiding fluidized bed agglomeration [J]. Energy & Fuels，2005，19（5）：1850-1856.

[44] ADÁNEZ J，GAYÁN P，CELAYA J，et al. Chemical looping combustion in a 10 kW_{th} prototype using a CuO/Al_2O_3 oxygen carrier：Effect of operating conditions on methane combustion [J]. Industrial & Engineering Chemistry Research，2006，45（17）：6075-6080.

[45] CAO Y，PAN W P.Investigation of chemical looping combustion by solid fuels.1.Process analysis [J]. Energy & Fuels，2006，20（5）：1836-1844.

[46] CAO Y，CASENAS B，PAN W P.Investigation of chemical looping combustion by solid fuels.2：Redox reaction kinetics and product characterization with coal，biomass，and solid waste as solid fuels and CuO as an oxygen carrier [J]. Energy & Fuels，2006，20（5）：1845-1854.

[47] DE DIEGO L F，GARCÍA-LABIANO F，GAYÁN P，et al. Operation of a 10 kW_{th} chemical-looping combustor during 200 h with a CuO-Al_2O_3 oxygen carrier [J]. Fuel，2007，86（7）：1036-1045.

[48] NOORMAN S，GALLUCCI F，VAN SINT ANNALAND M，et al. Experimental investigation of a CuO/Al_2O_3 oxygen carrier for

chemical-looping combustion [J]. Industrial & Engineering Chemistry Research, 2010, 49 (20): 9720-9728.

[49] SAHA C, BHATTACHARYA S.Comparison of CuO and NiO as oxygen carrier in chemical looping combustion of a Victorian brown coal [J]. International Journal of Hydrogen Energy, 2011, 36 (18): 12048-12057.

[50] FORERO C R, GAYÁN P, GARCÍA-LABIANO F, ET al. High temperature behaviour of a $CuO/\gamma Al_2O_3$ oxygen carrier for chemical-looping combustion [J]. International Journal of Greenhouse Gas Control, 2011, 5 (4): 659-667.

[51] WANG B, ZHAO H, ZHENG Y, et al. Chemical looping combustion of a Chinese anthracite with Fe_2O_3-based and CuO-based oxygen carriers [J]. Fuel Processing Technology, 2012, 96: 104-115.

[52] SONG H, SHAH K, DOROODCHI E, et al. Analysis on chemical reaction kinetics of CuO/SiO_2 oxygen carriers for chemical looping air separation [J]. Energy & Fuels, 2014, 28 (1): 173-182.

[53] XU Z, ZHAO H, WEI Y, et al. Self-assembly template combustion synthesis of a core-shell $CuO@TiO_2$-Al_2O_3 hierarchical structure as an oxygen carrier for the chemical-looping processes [J]. Combustion and Flame, 2015, 162 (8): 3030-3045.

[54] MATTISSON T, LEION H, LYNGFELT A.Chemical-looping with oxygen uncoupling using CuO/ZrO_2 with petroleum coke [J]. Fuel, 2009, 88 (4): 683-690.

[55] ZHAO H, WANG K, FANG Y, et al. Characterization of natural copper ore as oxygen carrier in chemical-looping with oxygen uncoupling of

anthracite［J］. International Journal of Greenhouse Gas Control，2014，22：154-164.

［56］陈磊，金晶，段慧维，等. Ni 基和 Co 基金属载氧体的持续循环能力研究［J］. 热能动力工程，2011，26（6）：665-668+770-771.

［57］路遥，金晶，陈磊，等. 金属载氧体的积碳特性研究［J］. 煤炭学报，2012，37（2）：328-331.

［58］SHEN L，WU J，GAO Z，et al. Characterization of chemical looping combustion of coal in a 1 kW_{th} reactor with a nickel-based oxygen carrier［J］. Combustion and Flame，2010，157（5）：934-942.

［59］NIU X，SHEN L，GU H，et al. Sewage sludge combustion in a CLC process using nickel-based oxygen carrier［J］. Chemical Engineering Journal，2015，260：631-641.

［60］SILVESTER L，IPSAKIS D，ANTZARA A，et al. Development of NiO-based oxygen carrier materials：effect of support on redox behavior and carbon deposition in methane［J］. Energy & Fuels，2016，30（10）：8597-8612.

［61］SEDGHKERDAR M H，KARAMI D，MAHINPEY N.Reduction and oxidation kinetics of solid fuel chemical looping combustion over a core-shell structured nickel-based oxygen carrier：Application of a developed grain size distribution model［J］. Fuel，2020，274：117838.

［62］SUN Y，JIANG E，XU X，et al. Influence of synthesized method on the cycle stability of $NiO/NiAl_2O_4$ during chemical looping combustion of biomass pyrolysis gas［J］. Industrial & Engineering Chemistry Research，2019，58（29）：13163-13173.

［63］PARK J H，HWANG R H，RASHEED H ur，et al. Kinetics of the

reduction and oxidation of Mg added NiO/Al_2O_3 for chemical looping combustion [J]. Chemical Engineering Research and Design，2019，141：481-491.

[64] TIJANI M M，MOSTAFAVI E，MAHINPEY N.Process simulation and thermodynamic analysis of a chemical looping combustion system using methane as fuel and NiO as the oxygen carrier in a moving-bed reactor [J]. Chemical Engineering and Processing-Process Intensification，2019，144：107636.

[65] SMITH-SIVERTSEN T，TCHACHTCHINE V，LUND E.Environmental nickel pollution：Does it protect against nickel allergy? [J]. Journal of the American Academy of Dermatology，2002，46（3）：460-462.

[66] MATTISSON T，LYNGFELT A，CHO P.The use of iron oxide as an oxygen carrier in chemical-looping combustion of methane with inherent separation of CO_2 [J]. Fuel，2001，80（13）：1953-1962.

[67] MATTISSON T，JOHANSSON M，LYNGFELT A.Multicycle reduction and oxidation of different types of iron oxide particles application to chemical-looping combustion [J]. Energy & Fuels，2004，18（3）：628-637.

[68] CABELLO A，ABAD A，GARCÍA-LABIANO F，et al. Kinetic determination of a highly reactive impregnated Fe_2O_3/Al_2O_3 oxygen carrier for use in gas-fueled chemical looping combustion [J]. Chemical Engineering Journal，2014，258：265-280.

[69] LIU L，ZACHARIAH M R.Enhanced performance of alkali metal doped Fe_2O_3 and Fe_2O_3/Al_2O_3 composites as oxygen carrier material in chemical looping combustion [J]. Energy & Fuels，2013，27（8）：4977-4983.

［70］CORBELLA B M，PALACIOS J M.Titania-supported iron oxide as oxygen carrier for chemical-looping combustion of methane［J］. Fuel，2007，86（1）：113-122.

［71］GU H，SHEN L，XIAO J，et al. Chemical looping combustion of biomass/coal with natural iron ore as oxygen carrier in a continuous reactor［J］. Energy & Fuels，2011，25（1）：446-455.

［72］MENDIARA T，ABAD A，DE DIEGO L F，et al. Reduction and oxidation kinetics of tierga iron ore for chemical looping combustion with diverse fuels［J］. Chemical Engineering Journal，2019，359：37-46.

［73］UBANDO A T，CHEN W H，ASHOKKUMAR V，et al. Iron oxide reduction by torrefied microalgae for CO_2 capture and abatement in chemical-looping combustion［J］. Energy，2019，186：115903.

［74］LEION H，JERNDAL E，STEENARI B M，et al. Solid fuels in chemical-looping combustion using oxide scale and unprocessed iron ore as oxygen carriers［J］. Fuel，2009，88（10）：1945-1954.

［75］WANG H，LIU G，VEKSHA A，et al. Iron ore modified with alkaline earth metals for the chemical looping combustion of municipal solid waste derived syngas［J］. Journal of Cleaner Production，2020：124467.

［76］ZHANG S，GU H，ZHAO J，et al. Development of iron ore oxygen carrier modified with biomass ash for chemical looping combustion［J］. Energy，2019，186：115893.

［77］罗泽娇，夏梦帆，黄唯怡. 钴在土壤和植物系统中的迁移转化行为及其毒性［J］. 生态毒理学报，2019，14（2）：81-90.

［78］母维宏，周新涛，和森，等. 复合硅酸盐水泥固化电解锰渣及毒性

浸出［J］. 非金属矿，2020，43（2）：5-8.

［79］ALALWAN H A，CWIERTNY D M，GRASSIAN V H. Co_3O_4 nanoparticles as oxygen carriers for chemical looping combustion：A materials characterization approach to understanding oxygen carrier performance［J］. Chemical Engineering Journal，2017，319：279-287.

［80］HWANG J H，SON E N，LEE R，et al. A thermogravimetric study of $CoTiO_3$ as oxygen carrier for chemical looping combustion［J］. Catalysis Today，2018，303：13-18.

［81］MATTISSON T，LYNGFELT A，LEION H. Chemical-looping with oxygen uncoupling for combustion of solid fuels［J］. International Journal of Greenhouse Gas Control，2009，3（1）：11-19.

［82］CHO P，MATTISSON T，LYNGFELT A. Defluidization conditions for a fluidized bed of iron oxide-，nickel oxide-，and manganese oxide-containing oxygen carriers for Chemical-Looping Combustion［J］. Industrial & Engineering Chemistry Research，2006，45（3）：968-977.

［83］ABAD A，MATTISSON T，LYNGFELT A，et al. Chemical-looping combustion in a 300 W continuously operating reactor system using a manganese-based oxygen carrier［J］. Fuel，2006，85（9）：1174-1185.

［84］ARJMAND M，LEION H，MATTISSON T，et al. Investigation of different manganese ores as oxygen carriers in chemical-looping combustion（CLC）for solid fuels［J］. Applied Energy，2014，113：1883-1894.

［85］SCHMITZ M，LINDERHOLM C，HALLBERG P，et al. Chemical-looping combustion of solid fuels using manganese ores as oxygen carriers［J］. Energy & Fuels，2016，30（2）：1204-1216.

［86］SUNDQVIST S，ARJMAND M，MATTISSON T，et al. Screening of different manganese ores for chemical-looping combustion（CLC）and chemical-looping with oxygen uncoupling（CLOU）［J］. International Journal of Greenhouse Gas Control，2015，43：179-188.

［87］MEI D，MENDIARA T，ABAD A，et al. Evaluation of manganese minerals for chemical looping combustion［J］. Energy & Fuels，2015，29（10）：6605-6615.

［88］HE F，HUANG Z，WEI G，et al. Biomass chemical-looping gasification coupled with water/CO_2-splitting using $NiFe_2O_4$ as an oxygen carrier［J］. Energy Conversion and Management，2019，201：112157.

［89］HUANG Z，DENG Z，HE F，et al. Reactivity investigation on chemical looping gasification of biomass char using nickel ferrite oxygen carrier［J］. International Journal of Hydrogen Energy，2017，42（21）：14458-14470.

［90］WANG B，XIAO G，SONG X，et al. Chemical looping combustion of high-sulfur coal with $NiFe_2O_4$-combined oxygen carrier［J］. Journal of Thermal Analysis and Calorimetry，2014，118（3）：1593-1602.

［91］HUANG Z，DENG Z，CHEN D，et al. Thermodynamic analysis and kinetic investigations on biomass char chemical looping gasification using Fe-Ni bimetallic oxygen carrier［J］. Energy，2017，141：1836-1844.

［92］NIU X，SHEN L，JIANG S，et al. Combustion performance of sewage sludge in chemical looping combustion with bimetallic Cu-Fe oxygen carrier［J］. Chemical Engineering Journal，2016，294：185-192.

［93］NIU P，MA Y，TIAN X，et al. Chemical looping gasification of biomass：Part I.screening Cu-Fe metal oxides as oxygen carrier and optimizing experimental conditions[J]. Biomass and Bioenergy，2018，108：146-156.

[94] JIANG S，SHEN L，WU J，et al. The investigations of hematite-CuO oxygen carrier in chemical looping combustion [J]. Chemical Engineering Journal，2017，317：132-142.

[95] SHEN T，GE H，SHEN L.Characterization of combined Fe-Cu oxides as oxygen carrier in chemical looping gasification of biomass [J]. International Journal of Greenhouse Gas Control，2018，75：63-73.

[96] WANG S，WANG G，JIANG F，et al. Chemical looping combustion of coke oven gas by using Fe_2O_3/CuO with $MgAl_2O_4$ as oxygen carrier [J]. Energy & Environmental Science，2010，3（9）：1353-1360.

[97] HOSSAIN M M，De LASA H I.Reactivity and stability of Co-Ni/Al_2O_3 oxygen carrier in multicycle CLC [J]. AIChE Journal，2007，53（7）：1817-1829.

[98] HOSSAIN M M，DE LASA H I.Reduction and oxidation kinetics of Co-Ni/Al_2O_3 oxygen carrier involved in a chemical-looping combustion cycles [J]. Chemical Engineering Science，2010，65（1）：98-106.

[99] HOSSAIN M M，SEDOR K E，DE LASA H I.Co-Ni/Al_2O_3 oxygen carrier for fluidized bed chemical-looping combustion：Desorption kinetics and metal-support interaction [J]. Chemical Engineering Science，2007，62（18）：5464-5472.

[100] KANG D，LIM H S，LEE M，et al. Syngas production on a Ni-enhanced Fe_2O_3/Al_2O_3 oxygen carrier via chemical looping partial

oxidation with dry reforming of methane [J]. Applied Energy，2018，211：174-186.

[101] WANG B，GAO C，WANG W，et al. TGA-FTIR investigation of chemical looping combustion by coal with $CoFe_2O_4$ combined oxygen carrier [J]. Journal of Analytical and Applied Pyrolysis，2014，105：369-378.

[102] ZENG D，CUI D，LV Y，et al. A mixed spinel oxygen carrier with both high reduction degree and redox stability for chemical looping H_2 production [J]. International Journal of Hydrogen Energy，2020，45（3）：1444-1452.

[103] LACHÉN J，DURÁN P，PEÑA J A，et al. High purity hydrogen from coupled dry reforming and steam iron process with cobalt ferrites as oxygen carrier：Process improvement with the addition of $NiAl_2O_4$ catalyst [J]. Catalysis Today，2017，296：163-169.

[104] DOU J，KRZYSTOWCZYK E，MISHRA A，et al. Perovskite promoted mixed cobalt-iron oxides for enhanced chemical looping air separation [J]. ACS Sustainable Chemistry & Engineering，2018，6（11）：15528-15540.

[105] PÉREZ-VEGA R，ABAD A，GARCÍA-LABIANO F，et al. Chemical looping combustion of gaseous and solid fuels with manganese-iron mixed oxide as oxygen carrier [J]. Energy Conversion and Management，2018，159：221-231.

[106] ABAD A，PÉREZ-VEGA R，DE DIEGO L F，et al. Thermochemical assessment of chemical looping assisted by oxygen uncoupling with a MnFe-based oxygen carrier [J]. Applied Energy，2019，251：113340.

[107] ZENG D，CUI D，QIU Y，et al. Mn-Fe-Al-O mixed spinel oxides as oxygen carrier for chemical looping hydrogen production with CO_2 capture [J]. Fuel，2020，274：117854.

[108] AZIMI G，LEION H，RYDÉN M，et al. Investigation of different Mn-Fe oxides as oxygen carrier for chemical-looping with oxygen uncoupling（CLOU）[J]. Energy & Fuels，2013，27（1）：367-377.

[109] 沈来宏，肖军，肖睿，等. 基于 $CaSO_4$ 载氧体的煤化学链燃烧分离 CO_2 研究 [J]. 中国电机工程学报，2007（2）：69-74.

[110] SONG Q，XIAO R，DENG Z，et al. Chemical-looping combustion of methane with $CaSO_4$ oxygen carrier in a fixed bed reactor [J]. Energy Conversion and Management，2008，49（11）：3178-3187.

[111] SONG Q，XIAO R，DENG Z，et al. Effect of temperature on reduction of $CaSO_4$ oxygen carrier in chemical-looping combustion of simulated coal gas in a fluidized bed reactor [J]. Industrial & Engineering Chemistry Research，2008，47（21）：8148-8159.

[112] DENG Z，XIAO R，JIN B，et al. Numerical simulation of chemical looping combustion process with $CaSO_4$ oxygen carrier [J]. International Journal of Greenhouse Gas Control，2009，3（4）：368-375.

[113] ZHENG M，SHEN L，XIAO J.Reduction of $CaSO_4$ oxygen carrier with coal in chemical-looping combustion：Effects of temperature and gasification intermediate [J]. International Journal of Greenhouse Gas Control，2010，4（5）：716-728.

[114] DING N，ZHENG Y，LUO C，et al. Development and performance of binder-supported $CaSO_4$ oxygen carriers for chemical looping

combustion [J]. Chemical Engineering Journal，2011，171（3）：1018-1026.

[115] DING N，ZHENG Y，LUO C，et al. Investigation into compound $CaSO_4$ oxygen carrier for chemical-looping combustion[J]. Journal of Fuel Chemistry and Technology，2011，39（3）：161-168.

[116] LIU Y，GUO Q，CHENG Y，et al. Reaction mechanism of coal chemical looping process for syngas production with $CaSO_4$ oxygen carrier in the CO_2 atmosphere[J]. Industrial & Engineering Chemistry Research，2012，51（31）：10364-10373.

[117] GUO Q，ZHANG J，TIAN H.Recent advances in $CaSO_4$ oxygen carrier for chemical-looping combustion（CLC）process[J]. Chemical Engineering Communications，2012，199（11）：1463-1491.

[118] ZHENG M，XING Y，LI K，et al. Enhanced performance of chemical looping combustion of CO with $CaSO_4$-CaO oxygen carrier [J]. Energy & Fuels，2017，31（5）：5255-5265.

[119] WANG B，LI J，DING N，et al. Chemical looping combustion of a typical lignite with a $CaSO_4$-CuO mixed oxygen carrier [J]. Energy & Fuels，2017，31（12）：13942-13954.

[120] WANG B，LI H，WANG W，et al. Chemical looping combustion of lignite with the $CaSO_4$-CoO mixed oxygen carrier [J]. Journal of the Energy Institute，2020，93（3）：1229-1241.

[121] WANG B，LI H，LIANG Y，et al. Chemical looping combustion characteristics of coal with a novel $CaSO_4$-Ca_2CuO_3 mixed oxygen carrier [J]. Energy & Fuels，2020，34（6）：7316-7328.

[122] YANG J，LIU S，MA L，et al. Syngas preparation by NiO-$CaSO_4$-based

oxygen carrier from chemical looping gasification technology [J]. Journal of the Energy Institute，2020.

[123] WANG B，WANG W，LI H，et al. Study on the performance of the purified $CaSO_4$ oxygen carrier derived from wet flue gas desulphurization slag in coal chemical looping combustion [J]. Journal of Fuel Chemistry and Technology，2020，48（8）：908-919.

[124] ZHANG S，XIAO R，YANG Y，et al. CO_2 capture and desulfurization in chemical looping combustion of coal with a $CaSO_4$ oxygen carrier [J]. Chemical Engineering & Technology，2013，36（9）：1469-1478.

[125] ABAD A，OBRAS-LOSCERTALES M，GARCÍA-LABIANO F，et al. In situ gasification chemical-looping combustion of coal using limestone as oxygen carrier precursor and sulphur sorbent [J]. Chemical Engineering Journal，2017，310：226-239.

[126] ZHENG M，ZHONG S，LI K，et al. Characteristics of CaS-CaO oxidation for chemical looping combustion with a $CaSO_4$-Based oxygen carrier [J]. Energy & Fuels，2017，31（12）：13842-13851.

[127] SONG T，ZHENG M，SHEN L，et al. Mechanism investigation of enhancing reaction performance with $CaSO_4/Fe_2O_3$ oxygen carrier in chemical-looping combustion of coal [J]. Industrial & Engineering Chemistry Research，2013，52（11）：4059-4071.

[128] ZHAO H，LIU L，WANG B，et al. Sol-gel-derived $NiO/NiAl_2O_4$ oxygen carriers for chemical-looping combustion by coal char [J]. Energy & Fuels，2008，22（2）：898-905.

[129] RUBEL A，ZHANG Y，LIU K，et al. Effect of ash on oxygen carriers for the application of chemical looping combustion to a high carbon

char［J］. Oil & Gas Science and Technology-Revue d'IFP Energies nouvelles，Technip，2011，66（2）：291-300.

［130］RUBEL A，LIU K，NEATHERY J，et al. Oxygen carriers for chemical looping combustion of solid fuels［J］. Fuel，2009，88（5）：876-884.

［131］YU Z，LI C，FANG Y，et al. Reduction rate enhancements for coal direct chemical looping combustion with an iron oxide oxygen carrier［J］. Energy & Fuels，2012，26（4）：2505-2511.

［132］CHEN L，BAO J，KONG L，et al. The direct solid-solid reaction between coal char and iron-based oxygen carrier and its contribution to solid-fueled chemical looping combustion［J］. Applied Energy，2016，184：9-18.

［133］覃吴，林常枫，龙东腾，等. 高指数晶面结构氧化铁化学链燃烧反应活性及深层还原反应机理（英文）［J］. 物理化学学报，2015，31（4）：667-675.

［134］QIN W，LIN C F，LONG D T，et al. Activity of Fe_2O_3 with a high index facet for bituminous coal chemical looping combustion：a theoretical and experimental study［J］. RSC Advances，2016，6（88）：85551-85558.

［135］QIN W，WANG Y，DONG C，et al. The synergetic effect of metal oxide support on Fe_2O_3 for chemical looping combustion：A theoretical study［J］. Applied Surface Science，2013，282：718-723.

［136］QIN W，CHEN Q，WANG Y，et al. Theoretical study of oxidation-reduction reaction of Fe_2O_3 supported on MgO during chemical looping combustion［J］. Applied Surface Science，2013，266：350-354.

[137] LIN C，QIN W，DONG C.Reduction effect of α-Fe_2O_3 on carbon deposition and CO oxidation during chemical-looping combustion [J]. Chemical Engineering Journal，2016，301：257-265.

[138] HUANG L，TANG M，FAN M，et al. Density functional theory study on the reaction between hematite and methane during chemical looping process [J]. Applied Energy，2015，159：132-144.

[139] DONG C，SHENG S，QIN W，et al. Density functional theory study on activity of α-Fe_2O_3 in chemical-looping combustion system [J]. Applied Surface Science，2011，257（20）：8647-8652.

[140] LIU F，DAI J，LIU J，et al. Density functional theory study on the reaction mechanism of spinel $CoFe_2O_4$ with CO during chemical-looping combustion [J]. The Journal of Physical Chemistry C，2019，123（28）：17335-17342.

[141] LIU F，LIU J，YANG Y，et al. Reaction mechanism of spinel $CuFe_2O_4$ with CO during chemical-looping combustion：An experimental and theoretical study [J]. Proceedings of the Combustion Institute，2019，37（4）：4399-4408.

[142] LIU F，LIU J，YANG Y，et al. A mechanistic study of CO oxidation over spinel $MnFe_2O_4$ surface during chemical-looping combustion [J]. Fuel，2018，230：410-417.

[143] FENG Y，WANG N，GUO X.Density functional theory study on improved reactivity of alkali-doped Fe_2O_3 oxygen carriers for chemical looping hydrogen production [J]. Fuel，2019，236：1057-1064.

[144] YUAN Y，DONG X，RICARDEZ-SANDOVAL L.A multi-scale simulation of syngas combustion reactions by Ni-based oxygen

carriers for chemical looping combustion [J]. Applied Surface Science, 2020, 531: 147277.

[145] FENG Y, WANG N, GUO X.Influence mechanism of supports on the reactivity of Ni-based oxygen carriers for chemical looping reforming: A DFT study [J]. Fuel, 2018, 229: 88-94.

[146] SIRIWARDANE R, TIAN H, MILLER D, et al. Evaluation of reaction mechanism of coal-metal oxide interactions in chemical-looping combustion [J]. Combustion and Flame, 2010, 157 (11): 2198-2208.

[147] WANG M, LIU J, SHEN F, et al. Theoretical study of stability and reaction mechanism of CuO supported on ZrO_2 during chemical looping combustion[J]. Applied Surface Science, 2016, 367: 485-492.

[148] ZHENG C, ZHAO H.Interaction mechanism among CO, H_2S and CuO oxygen carrier in chemical looping combustion: A density functional theory calculation study [J]. Proceedings of the Combustion Institute, 2020.

[149] WU L N, TIAN Z Y, EL KASMI A, et al. Mechanistic study of the CO oxidation reaction on the CuO (111) surface during chemical looping combustion [J]. Proceedings of the Combustion Institute, 2020.

[150] ZHANG X, SONG X, SUN Z, et al. Density functional theory study on the mechanism of calcium sulfate reductive decomposition by carbon monoxide [J]. Industrial & Engineering Chemistry Research, 2012, 51 (18): 6563-6570.

[151] ZHANG X, SONG X, SUN Z, et al. Density functional theory study on the mechanism of calcium sulfate reductive decomposition by

methane [J]. Fuel, 2013, 110: 204-211.

[152] ZHAO H, GUI J, CAO J, et al. Molecular dynamics simulation of the microscopic sintering process of CuO nanograins inside an oxygen carrier particle [J]. The Journal of Physical Chemistry C, 2018, 122 (44): 25595-25605.

[153] ZELOVICH T, VOGT-MARANTO L, HICKNER M A, et al. Hydroxide ion diffusion in anion-exchange membranes at low hydration: Insights from ab initio molecular dynamics [J]. Chemistry of Materials, 2019, 31 (15): 5778-5787.

[154] THOMAS S, JANA S, JUN B, et al. Temperature-dependent lithium diffusion in phographene: Insights from molecular dynamics simulation [J]. Journal of Industrial and Engineering Chemistry, 2020, 81: 287-293.

[155] CHEN C, LU Z, CIUCCI F.Data mining of molecular dynamics data reveals Li diffusion characteristics in garnet $Li_7La_3Zr_2O_{12}$ [J]. Scientific Reports, 2017, 7 (1): 40769.

[156] ZHAO X, JIN H.Investigation of hydrogen diffusion in supercritical water: A molecular dynamics simulation study [J]. International Journal of Heat and Mass Transfer, 2019, 133: 718-728.

[157] ZHAO X, JIN H, CHEN Y, et al. Numerical study of H_2, CH_4, CO, O_2 and CO_2 diffusion in water near the critical point with molecular dynamics simulation [J]. Computers & Mathematics with Applications, 2019.

[158] MONTERO DE HIJES P, SANZ E, JOLY L, et al. Viscosity and self-diffusion of supercooled and stretched water from molecular

dynamics simulations [J]. The Journal of Chemical Physics, 2018, 149 (9): 094503.

[159] FRANCO L F M, CASTIER M, ECONOMOU I G.Anisotropic parallel self-diffusion coefficients near the calcite surface: A molecular dynamics study[J]. The Journal of Chemical Physics, 2016, 145(8): 084702.

[160] COLLIN M, GIN S, DAZAS B, et al. Molecular dynamics simulations of water structure and diffusion in a 1 nm diameter silica nanopore as a function of surface charge and alkali metal counterion identity [J]. The Journal of Physical Chemistry C, 2018, 122 (31): 17764-17776.

[161] LI L, ZHANG T, DUAN Y, et al. Selective gas diffusion in two-dimensional MXene lamellar membranes: insights from molecular dynamics simulations [J]. Journal of Materials Chemistry A, 2018, 6 (25): 11734-11742.

[162] ZHANG W, FENG Q, WANG S, et al. Oil diffusion in shale nanopores: Insight of molecular dynamics simulation [J]. Journal of Molecular Liquids, 2019, 290: 111183.

[163] CHENG Q, LI W, LIU D, et al. Simultaneous absorption of NO_x and SO_2 into water and acids under high pressures [J]. Energy & Fuels, 2020, 34 (8): 9787-9795.

[164] LIU D, LI W, CHENG Q, et al. Measurement and modeling of nitrogen oxides absorption in a pressurized reactor relevant to CO_2 compression and purification process [J]. International Journal of Greenhouse Gas Control, 2020, 100: 103117.

[165] OUNAS A，ABOULKAS A，EL HARFI K，et al. Pyrolysis of olive residue and sugar cane bagasse：Non-isothermal thermogravimetric kinetic analysis [J]. Bioresource Technology，2011，102（24）：11234-11238.

[166] 石磊.煤共价键结构在热解过程红的阶段解离研究 [D]. 北京：北京化工大学，2014.

[167] SUUBERG E M，PETERS W A，HOWARD J B.Product compositions in rapid hydropyrolysis of coal [J]. Fuel，1980，59（6）：405-412.

[168] SOLOMON P R，FLETCHER T H，PUGMIRE R J.Progress in coal pyrolysis [J]. Fuel，1993，72（5）：587-597.

[169] OZAWA T.A new method of analyzing thermogravimetric data [J]. Bulletin of the Chemical Society of Japan，1965，38（11）：1881-1886.

[170] FLYNN J H，WALL L A.A quick，direct method for the determination of activation energy from thermogravimetric data [J]. Journal of Polymer Science Part B：Polymer Letters，1966，4（5）：323-328.

[171] DOYLE C D. Kinetic analysis of thermogravimetric data [J]. Journal of Applied Polymer Science，1961，5（15）：285-292.

[172] MA Z，CHEN D，GU J，et al. Determination of pyrolysis characteristics and kinetics of palm kernel shell using TGA-FTIR and model-free integral methods [J]. Energy Conversion and Management，2015，89：251-259.

[173] STARINK M J.A new method for the derivation of activation energies from experiments performed at constant heating rate [J]. Thermochimica Acta，1996，288（1）：97-104.

[174] POPESCU C.Integral method to analyze the kinetics of heterogeneous

reactions under non-isothermal conditions A variant on the Ozawa-Flynn-Wall method［J］. Thermochimica Acta，1996，285（2）：309-323.

［175］MATTISSON T，JOHANSSON M，LYNGFELT A.The use of NiO as an oxygen carrier in chemical-looping combustion［J］. Fuel，2006，85（5）：736-747.

［176］特纳斯.燃烧学导论：概念与应用［M］. 北京：清华大学出版社，2015.

［177］HOHENBERG P，KOHN W.Inhomogeneous electron gas［J］. Physical Review，1964，136（3B）：B864-B871.

［178］孙圣楠.金属与非金属改性 TiO_2/ASC 光催化剂的制备与 NO 氧化表面光电子行为研究［D］. 青岛：中国海洋大学，2015.

［179］KRESSE G，FURTHMÜLLER J.Efficiency of ab-initio total energy calculations for metals and semiconductors using a plane-wave basis set［J］. Computational Materials Science，1996，6（1）：15-50.

［180］KRESSE G，FURTHMÜLLER J.Efficient iterative schemes for ab initio total-energy calculations using a plane-wave basis set［J］. Physical Review B，1996，54（16）：11169-11186.

［181］BLÖCHL P E.Projector augmented-wave method［J］. Physical Review B，1994，50（24）：17953-17979.

［182］PERDEW J P，BURKE K，ERNZERHOF M.Generalized gradient approximation made simple［J］. Physical Review Letters，1996，77（18）：3865-3868.

［183］GRIMME S，ANTONY J，EHRLICH S，et al. A consistent and accurate ab initio parametrization of density functional dispersion correction（DFT-D）for the 94 elements H-Pu［J］. The Journal of

Chemical Physics，2010，132（15）：154104.

［184］GRIMME S，EHRLICH S，GOERIGK L.Effect of the damping function in dispersion corrected density functional theory［J］. Journal of Computational Chemistry，2011，32（7）：1456-1465.

［185］MALLIA G，DOVESI R，CORÀ F.The anisotropy of dielectric properties in the orthorhombic and hexagonal structures of Anhydrite-an ab initio and hybrid DFT study［J］. Physica Status Solidi（B），2006，243（12）：2935-2951.

［186］DHOLABHAI P P，WU X，RAY A K.An ab initio study of the use of for catalytic oxidation of CO［J］. Journal of Molecular Structure：THEOCHEM，2005，723（1-3）：139-145.

［187］NEESE F.The ORCA program system［J］. WIREs Computational Molecular Science，2012，2（1）：73-78.

［188］LU T，CHEN F.Multiwfn：A multifunctional wavefunction analyzer［J］. Journal of Computational Chemistry，2012，33（5）：580-592.

［189］HUMPHREY W，DALKE A，SCHULTEN K，et al. VMD：visual molecular dynamics［J］. Journal of molecular graphics 1996，14（1）：33-38.

［190］MOMMA K，IZUMI F.VESTA：a three-dimensional visualization system for electronic and structural analysis［J］. Journal of Applied Crystallography，2008，41（3）：653-658.

［191］MASSARO F R，RUBBO M，AQUILANO D.Theoretical equilibrium morphology of gypsum（$CaSO_4 \cdot 2H_2O$）. 1.A syncretic strategy to calculate the morphology of crystals［J］. Crystal Growth & Design，2010，10（7）：2870-2878.

[192] CAI X, WANG X, GUO X, et al. Mechanism study of reaction between CO and NiO (01) surface during chemical-looping combustion: Role of oxygen [J]. Chemical Engineering Journal, 2014, 244: 464-472.

[193] BADER R F W.A quantum theory of molecular structure and its applications [J]. Chemical Reviews, 1991, 91 (5): 893-928.

[194] CREMER D, KRAKA E.Chemical bonds without bonding electron density? Does the difference electron-density analysis suffice for a description of the chemical bond? [J]. Angewandte Chemie International Edition in English, 1984, 23 (8): 627-628.

[195] ESPINOSA E, ALKORTA I, ELGUERO J, et al. From weak to strong interactions: A comprehensive analysis of the topological and energetic properties of the electron density distribution involving X-H···F-Y systems [J]. The Journal of Chemical Physics, 2002, 117 (12): 5529-5542.

[196] LEFEBVRE C, RUBEZ G, KHARTABIL H, et al. Accurately extracting the signature of intermolecular interactions present in the NCI plot of the reduced density gradient versus electron density [J]. Physical Chemistry Chemical Physics, 2017, 19 (27): 17928-17936.

[197] MADYAL R S, ARORA J S.DFT studies for the evaluation of amine functionalized polystyrene adsorbents for selective adsorption of carbon dioxide [J]. RSC Advance, 2014, 4 (39): 20323-20333.

[198] XIAO X, QIN W, WANG J, et al. Effect of surface Fe-S hybrid structure on the activity of the perfect and reduced α-Fe_2O_3 (01) for chemical looping combustion [J]. Applied Surface Science, 2018, 440: 29-34.

[199] EYRING H.The activated complex in chemical reactions [J]. The Journal of Chemical Physics, 1935, 3 (2): 107-115.

[200] EVANS M G, POLANYI M.Some applications of the transition state method to the calculation of reaction velocities, especially in solution [J]. Transactions of the Faraday Society, 1935, 31: 875.

[201] SKODJE R T, TRUHLAR D G, GARRETT B C.Vibrationally adiabatic models for reactive tunneling [J]. The Journal of Chemical Physics, 1982, 77 (12): 5955-5976.

[202] BEZANSON J, EDELMAN A, KARPINSKI S, et al. Julia: A fresh approach to numerical computing [J]. SIAM review, 2017, 59 (1): 65-98.

[203] GRIMME S, BANNWARTH C, SHUSHKOV P.A robust and accurate tight-binding quantum chemical method for structures, vibrational frequencies, and noncovalent interactions of large molecular systems parametrized for all spd-block elements (Z=1-86) [J]. Journal of Chemical Theory and Computation, 2017, 13 (5): 1989-2009.

[204] CALDEWEYHER E, EHLERT S, HANSEN A, et al. A generally applicable atomic-charge dependent London dispersion correction [J]. The Journal of Chemical Physics, 2019, 150 (15): 154122.

[205] LIPKOWSKI P, GRABOWSKI S J, ROBINSON T L, et al. Properties of the C-H···H dihydrogen bond: An ab Initio and topological analysis [J]. The Journal of Physical Chemistry A, 2004, 108 (49): 10865-10872.

[206] EMAMIAN S, LU T, KRUSE H, et al. Exploring nature and predicting strength of hydrogen bonds: A correlation analysis between

atoms-in-molecules descriptors, binding energies, and energy components of symmetry-adapted perturbation theory [J]. Journal of Computational Chemistry, 2019, 40 (32): 2868-2881.

[207] EMAMIAN S, LU T, KRUSE H, et al. Exploring nature and predicting strength of hydrogen bonds: A correlation analysis between atoms-in-molecules descriptors, binding energies, and energy components of symmetry-adapted perturbation theory[J]. Journal of Computational Chemistry, 2019, 40 (32): 2868-2881.

[208] SUNC, BAI B.Selective permeation of gas molecules through a two-dimensional graphene nanopore [J]. Acta Physicochimica Sinica, 2018, 34 (10): 1136-1143.

[209] SPOEL D V D, LINDAHL E, HESS B, et al. GROMACS: Fast, flexible, and free [J]. Journal of Computational Chemistry, 2005, 26 (16): 1701-1718.

[210] GARBEROGLIO G.OBGMX: A web-based generator of GROMACS topologies for molecular and periodic systems using the universal force field [J]. Journal of Computational Chemistry, 2012, 33 (27): 2204-2208.

[211] SOLA-RABADA A, MICHAELIS M, OLIVER D J, et al. Interactions at the Silica-Peptide interface: Influence of the extent of functionalization on the conformational ensemble [J]. Langmuir, 2018, 34 (28): 8255-8263.

[212] SWEATMAN M B, QQUIRKE N.Modelling gas adsorption in slit-pores using Monte Carlo simulation [J]. Molecular Simulation, 2001, 27 (5-6): 295-321.

[213] MAKRODIMITRI Z A，UNRUH D J M，ECONOMOU I G.Molecular simulation of diffusion of hydrogen，carbon monoxide，and water in heavy n-alkanes [J]. The Journal of Physical Chemistry B，2011，115（6）：1429-1439.

[214] WU P，CHAUDRET R，HU X，et al. Noncovalent interaction in fluctuating environments [J]. Journal of Chemical Theory and Computation，2013，9（5）：2226-2234.